21世纪职业教育立体化精品教材
"互联网＋"新形态教材

YUANLIN JIANZHU SHEJI

园林建筑设计

徐 倩 主编

董海波 黄 健 周淳祺 副主编

东南大学出版社
SOUTHEAST UNIVERSITY PRESS
·南京·

内容提要

本教材按照职业教育人才培养目标以及专业教学改革的需要,依据最新建筑工程技术标准进行编写。本教材主要内容包括园林建筑概述、园林建筑设计的基本知识、园林建筑设计的方法与技巧、园林建筑设计的过程、园林建筑的单体设计、园林建筑小品的设计、园林建筑快速设计。

本教材在编排上,注重理论与实践相结合,采用案例式教学模式,突出实践环节。将每个学习情境分为若干学习单元,每个学习单元由知识目标、技能目标和基础知识三部分组成。正文中设置了情境引入、案例导航、小提示、小技巧、课堂案例、学习案例、知识拓展等特色模块,意在提高学生的学习兴趣,促进学生的全面发展。每个学习情境最后设置了情境小结和学习检测。

本教材既可作为高职高专院校园林类相关专业的教材,也可作为工程设计、施工、监理等相关专业人员学习、培训的参考用书。

图书在版编目(CIP)数据

园林建筑设计/徐倩主编. —南京:东南大学
出版社,2017.7
  21世纪职业教育立体化精品教材
  ISBN 978-7-5641-7337-1

  Ⅰ.①园… Ⅱ.①徐… Ⅲ.①园林建筑—园林设计—
高等职业教育—教材 Ⅳ.①TU986.4

  中国版本图书馆 CIP 数据核字(2017)第 178579 号

园林建筑设计

出版发行:东南大学出版社
社 址:南京市四牌楼 2 号,邮编 210096
出 版 人:江建中
印 刷:天津市蓟县宏图印务有限公司
开 本:787mm×1092mm 1/16
印 张:13.5
字 数:281 千
版 次:2017 年 7 月第 1 版
印 次:2017 年 7 月第 1 次印刷
书 号:ISBN 978-7-5641-7337-1
定 价:36.00 元

近年来，教育事业实现了跨越式发展，教育改革取得了突破性成果。教育部明确指出，要以促进就业为目标，进一步转变高等职业技术学院办学指导思想，实行多样、灵活、开放的人才培养模式，把教育教学与生产实践、社会服务、技术推广结合起来，加强实践教学和就业能力的培养，探索针对岗位需要、以能力为本位的教学模式。因此，培养以就业为导向的具备"职业化"特征的高级应用型人才是当前教育的发展方向。

随着城市建设的发展，人们越来越重视环境，特别是环境的美化。园林建设已成为城市美化的一个重要组成部分。园林不仅在城市的景观方面发挥着重要功能，在生态和休闲方面也发挥着重要功能。城市园林的建设越来越受到人们的重视，许多城市提出了建设国际花园城市和生态园林城市的目标，加强了新城区的园林规划和老城区的绿地改造，促进了园林行业的蓬勃发展。相应地，社会对园林类专业人才的需求也日益增加，特别是那些既懂得园林规划设计，又懂得园林工程施工，还能进行绿地养护的高技能人才，成了园林行业的紧俏人才。

"园林建筑设计"是高职高专院校园林类学科的一门重要的专业主干课程。学生通过本课程的学习，应能够掌握园林建筑设计的基本知识和设计方法与技巧，为走向工作岗位打下基础。

本教材按照职业教育人才培养目标以及专业教学改革的需要，依据最新建筑工程技术标准进行编写。其主要内容包括园林建筑概述、园林建筑设计的基本知识、园林建筑设计的方法与技巧、园林建筑设计的过程、园林建筑的单体设计、园林建筑小品的设计、园林建筑快速设计。

本教材在编排上，注重理论与实践相结合，采用案例式教学模式，突出实践环节。将每个学习情境分为若干学习单元，每个学习单元由知识目标、技能目标和基础知识三部分组成。正文中设置了情境引入、案例导航、小提示、小技巧、课堂案例、学习案例、知识拓展等特色模块，意在提高学生的学习兴趣，促进学生的全面发展。每个学习情境最后设置了情境小结和学习检测。

本教材既可作为高职高专院校园林类相关专业的教材，也可作为工程设计、施工、监理等相关专业人员学习、培训的参考用书。

　　本教材由徐倩担任主编，董海波、黄健、周淳祺担任副主编。

　　本教材在编写过程中，参阅了国内同行多部著作，部分高等院校教师也提出了很多宝贵意见，在此，对他们表示衷心的感谢！

　　本教材在编写过程中，虽经推敲核证，但限于编者的专业水平和实践经验，仍难免有疏漏或不妥之处，恳请广大读者指正。

编　者

CONTENTS

目　录

学习情境六　园林建筑小品的设计

学习情境七　园林建筑快速设计

参考文献

学习情境一

园林建筑概述

颐和园位于北京西北郊,是我国目前保存最完整的一座古典园林。颐和园的营造始于金代,后经元、明、清三个朝代的扩建和改建。明代称"好山园",清乾隆年间称"清漪园",1860年被八国联军焚毁,后被慈禧太后动用海军军费秘密修复,并改名为"颐和园"。

在万寿山南麓的中轴线上,金碧辉煌的佛香阁、排云殿建筑群起自湖岸边的云辉玉宇牌楼,经排云门、二宫门、排云殿、德辉殿、佛香阁,终至山巅的智慧海,重廊复殿,层叠上升,贯穿青琐,气势磅礴。巍峨高耸的佛香阁八角三层,踞山面湖,是颐和园的标志性建筑,统领全园。颐和园如图1-1所示。

图 1-1　颐和园

碧波荡漾的昆明湖平铺在万寿山南麓,约占全园面积的3/4。昆明湖中,宏大的十七孔桥如长虹偃月倒映水面,湖中有一座南湖岛,其通过十七孔桥和岸上相连。蜿蜒曲折的西堤犹如一条翠绿的飘带,萦带南北,横绝天汉。堤上六桥,婀娜多姿,形态互异。

每个园林因性质、规模、内容的不同而有所不同,但大体都由四大要素构成,即地形、水体、植物和建筑。在本情境中,我们应重点了解园林四大要素之一的"建筑"方面的内容。

要了解园林建筑的内容,需要掌握的相关知识有:

(1)园林建筑与园林的关系;

(2)园林建筑的发展历程及现代园林与园林建筑的发展趋势。

1 学习单元1 了解园林建筑

知识目标

(1)了解园林的构成要素;

(2)掌握园林建筑的作用、分类和特征。

技能目标

(1)通过了解园林的构成要素,明确园林景观构成的物质基础;

(2)能够对典型的园林建筑实例进行分析和归纳。

基础知识

一、园林的构成要素

园林的构成要素即园林景观构成的物质基础。每个园林因性质、规模、内容的不同而有所不同,但大体都由四大要素构成,即地形、水体、植物和建筑(见表1-1)。

表1-1　园林四大要素

园林要素	内容	作用	要求
地形	包括平地、坡地、山地	(1)地形是构成整个园林景观的骨架,其他园林要素常以地形为依托 (2)地形可分隔空间,创造不同的视线条件 (3)地形有造景的作用	最大限度地利用原有地形,"高方欲就亭台,低凹可开池沼",形成高低错落的景观效果
水体	包括自然水(西湖、漓江等)和人工水景,根据水的形态又分为静水(湖、池)和动水(喷泉、壁泉、溪流、瀑布等)	(1)充当基底,产生水中倒影,扩大和丰富空间 (2)作为一种纽带,将原来空间、景点连接起来 (3)作为园林中的主景,发挥焦点作用	在园林设计时要考虑到游人的亲水性和自然性的原则,根据园林规模设计符合其意境的水景
植物	包括乔木、灌木、花卉、草坪、藤本植物等	(1)创造植物主体景观 (2)改善小气候 (3)围合空间、引导视线 (4)软化建筑的生硬线条	充分利用植物的季相变化塑造富有生命力的园林景观
建筑	亭、台、楼、阁、廊、花架、水榭及各类小品	(1)满足使用功能 (2)既可作为观景点,又可作为被观赏的景点 (3)组织游览路线 (4)组织和划分园林空间 (5)塑造意境	充分利用园林建筑类型多样、造型丰富、外观优美、富于变化的特征组织景观,塑造意境

知识链接

一般来说,园林的规模有大有小,内容有繁有简,但都包含这四种基本要素,即地形、水体、植物和建筑。其中,地形和水体是园林的地貌基础,地形包括平地、坡地、山地,水体包括河、湖、溪、涧、池、沼、瀑、泉等。天然的山水需要加工、修饰、整理,人工开辟的山水不仅讲究造型,还需解决许多工程问题。

二、建筑的构成要素

虽然现代建筑的构成比较复杂,但从根本上讲,建筑是由以下三个基本要素构成的:建筑功能、建筑的物质技术条件、建筑的艺术形象。

(一)建筑功能

建筑功能是指建筑的用途,是建筑三要素里面最重要的一个。建筑功能的要求是随着社会生产和生活的发展而发展的。不同的功能要求产生不同的建筑类型,不同类型的建筑有不同的特点,如各种生产性建筑、居住建筑、公共建筑等。建筑功能包括建筑在物质和精神方面的具体使用要求,它是建筑的最基本要求,也是人们建造房屋的主要目的。

不同类型的建筑具有不同的使用要求。例如,交通建筑要求人流线路流畅;观演建筑要求有良好的视听环境;工业建筑必须符合生产工艺流程的要求等。同时,建筑必须满足人体活动所需的空间尺度,以及人的生理要求,如良好的朝向、保温隔热、隔声、防潮、防水、采光、通风条件等。

(二)建筑的物质技术条件

建筑的物质技术条件是建造房屋的主要手段和基础,包括建筑材料与制品技术、结构技术、施工技术、设备技术等。建筑不可能脱离技术而存在,材料是建筑的物质基础,结构是构成建筑空间的骨架,施工技术是实现建筑生产的过程和方法,设备是改善建筑环境的技术条件。随着经济的发展和技术水平的提高,建筑的建造水平也不断提高,建造手段和建造过程更加合理、有序。

(三)建筑的艺术形象

建筑的形式或形象是建筑的造型、美观问题,是建筑的外观,是通过客观、实在的多维参照系的表现方式来实现建筑的艺术追求。构成建筑形象的因素包括建筑群体和单体的体形、内部和外部的空间组合、立面构图、细部处理、材料的色彩和质感以及光影和装饰的处理等。这些因素处理得当,便会产生良好的艺术效果,能满足人们的审美要求。建筑形象并不是一个单纯的美观问题,它常常能反映时代的生产水平、文化传统、民族风格和社会发展趋势。

建筑首先是物质产品,因此建筑形象不能离开建筑的功能要求和物质技术条件而任意创造,否则就会走向形式主义、唯美主义的歧途。有些建筑的形象同样具有一定的精神功能,如纪念馆、博物馆、纪念碑、艺术馆等。

一个良好的建筑形象应该是美观的,这就要求建筑必须符合形式美的一些基本规律。古今中外的优秀建筑尽管在建筑年代、建筑材料、建造技术、形式处理上有很大差

chapter 01
chapter 02
chapter 03
chapter 04
chapter 05
chapter 06
chapter 07

别,但其必然遵循形式美的一些基本法则,如对比与统一、比例与尺度、均衡与稳定、节奏与韵律等。

> **◀)) 小提示**
>
> 中国传统的园林建筑多采用木构架结构,建筑的重量是由木构架承受的,墙不承重。木构架由屋顶、屋身的立柱及横梁组成,是一个完整的独立体系,等同于现代的框架结构。中国有句谚语为"墙倒屋不塌",其生动地说明了木构架结构的特点。

三、园林建筑的作用

中国园林的创作是以自然山水园为基本形式,通过山、水、植物、建筑四种基本要素的有机结合,构成"源于自然而高于自然"的美妙的城市园林。其重要作用,一是能改善和美化人的生活环境,提高人的生活质量;二是能为人们提供休憩、游览、文化娱乐的场所。园林建筑是园林的重要组成部分,它既有使用功能,又有造景、观景功能。城市园林中亭、台、楼、阁、门、窗、路及小品等建筑,对构成园林意境具有重要意义和作用。其审美价值并非局限于建筑物和构筑物本身,而在于通过这些建筑物和构筑物,让人们领略外界无限空间中的自然景观,突破有限,通向无限,感悟充满哲理的人生、历史、社会乃至宇宙万物,引导人们达到园林艺术追求的最高境界。

一般说来,园林建筑大都具有使用和景观创造两个方面的作用。

就使用方面而言,它们可以是具有特定使用功能的展览馆、影剧院、观赏温室、动物兽舍等;也可以是具备一般使用功能的休息类建筑,如亭、榭、厅、轩等;还可以是供交通之用的桥、廊、花架、道路等;此外,还有一些特殊的工程设施,如水坝、水闸等。通常,园林建筑的外观形象与平面布局除了要满足和反映特殊的功能性质之外,还要受到园林选景的制约,在某些情况下,甚至要首先服从园林景观设计的需要。在做具体设计的时候,要把建筑的功能与其对园林景观应该起的作用恰当地结合起来。

园林建筑的功能主要表现在它在园林景观创造方面所起的积极作用,这种作用可以概括为以下四个方面。

(一)点景

点景即点缀风景。园林建筑与山水、景物等要素相结合而构成园林中的风景画面,有宜于就近观赏的,有适于远眺的。在一般情况下,园林建筑常作为这些风景画面的重点和主景,没有建筑就不能称其为"景"了,更谈不上园林的美景了。重要的建筑物往往作为园林的一定范围内甚至整座园林的构景中心,例如北京北海公园中的白塔、颐和园中的佛香阁(见图1-2)等都是园林的构景中心。整座园林的风格在一定程度上也取决于建筑的风格。

★微视频

佛香阁

图1-2 北京颐和园佛香阁的点景作用

(二)观景

观景即观赏风景。以一栋建筑或一组建筑群作为观赏园内景观的场所,它的位置、朝向、封闭或开敞的处理往往取决于得景的佳否,即是否能够使观赏者在视野范围内摄取到最佳的风景画面。在这种情况下,大到建筑群的组合布局,小到门窗、洞口或由细部所构成的"框景",都可加以利用,作为剪裁风景画面的手段(见图1-3)。

图1-3 从洞口中观赏到的风景画面

(三)界定范围空间

界定范围空间即利用建筑物围合成一系列的庭院或者以建筑为主,辅以山石、植物,将园林划分为若干空间层次(见图1-4)。

图1-4 园林廊围合空间,划分空间层次

(四)组织游览路线

以园林中的道路结合建筑物的穿插、"对景"和障碍,创造一种步移景异,具有导向性的游动观赏效果(见图1-5)。

图1-5 园路结合景墙引导游览路线

chapter 01
chapter 02
chapter 03
chapter 04
chapter 05
chapter 06
chapter 07

四、园林建筑的分类

园林建筑根据使用功能的不同,大体可分为以下五类。

(一)园林建筑小品

园林建筑小品以装饰园林环境为主,既注重外观形象的艺术效果,同时也要求符合其使用功能,包括景墙、门洞、汀步、园椅、景观标志、园灯、栏杆、雕塑等。

(二)游憩性建筑

此类建筑供游人休息、游赏用,是园林建筑中最重要的一类。其要求既有简单的使用功能,又有优美的建筑造型。此类建筑有亭、廊、花架、榭、舫等。

(三)服务性建筑

此类建筑主要为游人在游览途中提供一定的服务,如船码头、茶室、园厕、小卖部、餐厅、接待室、小型旅馆、各类展览室等。

(四)文化娱乐性建筑

此类建筑供游人在园林中开展各种活动用,如游艺室、俱乐部、演出厅、露天剧场、体育场、游泳馆、旱冰场等。

(五)园林管理类建筑

园林管理类建筑主要供内部工作人员使用,包括园林大门、办公管理室、实验室、栽培温室、托儿所、幼儿园、食堂、杂务院、仓库等。

各类园林建筑及其使用功能如表1-2所示。

表1-2　各类园林建筑及其使用功能

名称		功能
园林建筑小品	景墙	防护、分隔空间
	园桥、汀步	联系交通,联系风景点
	园路、台阶	联系交通,联系风景点,引导游览路线
	园桌、椅、凳	就座休息、赏景
	景观标志	导游、指路、解说、宣传、提示等
	园灯	照明、装饰
	活动设施	娱乐活动、健身、游戏等
	果皮箱	丢弃果皮,保护环境
游憩性建筑	亭	游览、休息、赏景、聊天、下棋、遮风挡雨、乘凉
	廊	游览、休息、赏景、聊天、遮风挡雨、乘凉等
	花架	游览、休息、赏景、聊天等
	水榭	游览、休息、赏水景、聊天、品茶等
	舫	游览、休息、赏水景、聊天、就餐等
	公园及风景区入口	集散交通,组织人流;门卫管理;组织空间

续表

名称		功能
服务性建筑	茶室	就座、就餐、品茶等
	船码头	联系水陆交通、开展活动
	园厕	为游人提供方便，保护环境
	小卖部	为游人提供方便，购买小商品、打电话等
	展览馆	陈列展览品，丰富游人活动
园林管理类建筑		内部人员工作、休息

我国传统园林建筑通常将一个单体建筑作为一类，具体类型如表1-3所示。

表1-3 我国传统园林建筑分类

分类	例 图	说 明
亭		亭有停止的意思，是供游人休息、停留的地方，平面多为对称的正多边形
廊		有顶的过道为廊，一般为长形建筑
榭		榭者借也，借助周围景色建榭，多见于水边，为水榭。水榭多为扁平建筑，下有伸入水中的平台支撑，常设有座椅供游人休息、赏景等
舫		为水面上的船形建筑，又名"不系舟"
厅		或为"堂"，为向阳的建筑
楼		为2~5层的高层建筑，可登高望远赏景，由楼梯或假山盘旋而上
阁		常为两层，四面空透，造型比楼轻巧，平面多为四边形或正多边形
殿		供奉佛像的地方和帝王处理朝政的地方均称为殿

续表

分类	例 图	说 明
斋		处于深静处之学舍、书屋建筑,藏而不露的道修场所,均称为斋
馆		成组的游宴场所或起居客舍,规模可以很大,也可布置得很随意
轩		高而安静的园林建筑

◀)) 小提示

我国传统园林建筑具有因地制宜的总体布局、富于变化的群体结合、丰富多彩的立体造型、灵活多样的空间分隔和协调大方的色彩运用,在世界园林史上是独树一帜的。

五、园林建筑的特征

园林建筑与其他建筑类型相比较,具有明显的特征,主要表现在以下几点。

(1)园林建筑既要满足使用功能的要求,又要满足景观创造的要求。

建筑的使用功能是建筑设计的核心,离开了建筑的使用功能,建筑的形式再好,也毫无意义。园林建筑的设计在充分考虑其使用功能的同时,也要重视其在景观方面的要求。例如,在设计亭这种园林建筑时,既要考虑亭的基本功能,给游人提供遮风挡雨的空间,也要考虑亭的位置选择和造型设计,满足亭的观景和点景的要求。

(2)园林建筑是一种与园林环境及自然景观充分结合的建筑。

园林建筑在基址选择上,要因地制宜,巧于利用自然又融于自然之中,将建筑空间与自然空间融成和谐的整体。建筑是风景中的建筑,风景是建筑中的风景,优秀的园林建筑都是与环境充分融合的建筑。

(3)园林建筑在强调造型美观的同时也要重视建筑意境的表达。

在建筑的双重性中,有时园林建筑的美观和艺术性要高于其使用功能。因此,在重视造型美观的同时,还要极力追求意境的表达,不仅要继承传统园林建筑中寓意深远的意境表达手法,更要探索、创新现代园林建筑意境的表现方式。

(4)园林建筑体量小巧,富于变化。

园林建筑因小巧灵活、富于变化,常不受模式的制约,为设计者带来更多的艺术发挥余地,真可谓构园无格。园林建筑"小中见大""循环往复,以至无穷"的特点是其他建筑无法与之相比的。

(5)园林建筑色彩明朗,装饰精巧。

在我国古典园林中,建筑有着鲜明的色彩,北京皇家园林建筑色彩鲜艳(见图1-6),南方的私家园林建筑则色彩淡雅(见图1-7)。现代园林建筑色彩多以轻快、明朗为主,力求表现园林建筑轻巧、活泼、简洁、明快的特点。在装饰方面,不论古今,园林建筑都以精巧的装饰取胜,建筑上善于应用各种门洞、漏窗、花格、隔断、空廊等,尤其善于将山石、植物等引入建筑,使装饰更为生动,成为建筑上得景的画面。因此,通过建筑的装饰,不仅可以增加园林建筑本身的美,更可以使建筑与景致取得更密切的联系。

图 1-6 北京颐和园

图 1-7 苏州拙政园

★ 微视频

拙政园

 chapter 01

 chapter 02

 chapter 03

 chapter 04

 chapter 05

chapter 06

chapter 07

2 学习单元 2 园林建筑的发展

知识目标

(1)了解中国古典园林的发展史;
(2)掌握现代园林与园林建筑的发展趋势。

技能目标

(1)能够了解中国古典园林的发展史;
(2)能够掌握现代园林与园林建筑的发展趋势,为园林建筑的学习打下坚实的基础。

基础知识

一、中国古典园林及园林建筑的发展史

古典园林是人类文化遗产的一个重要组成部分,世界上曾经有过发达文化的民族和地区必然有其独特的造园风格,世界范围内的几个主要的文化体系也必然产生了相应的园林体系。中国是世界文明古国之一,以汉民族为主体的文化在几千年持续发展的过程中,孕育出了"中国古典园林"这样一个历史悠久的园林体系。中国古典园林的发展史可分为生成期、转折期、全盛期、成熟期及成熟后期(见表1-4)。

表 1-4　中国古典园林及园林建筑的发展简表

分期	朝代	主要特点	代表实例
生成期(黄帝到汉,前1300—220)	殷商西周(约前1300—前771)	(1)殷、周朴素的囿,中国最早见于文字记载的园林为《诗经·大雅·灵台》中的灵囿,作为贵族游憩用 (2)帝王苑囿由自然美趋于建筑美 (3)建都市,周围筑高墙,并作高台为游乐及远眺用 (4)囿可以说是最早的皇家园林,但其主要是作为狩猎、采樵之用,游憩的目的尚属其次	·玄圃 ·灵台、灵沼、灵囿 ·周文王灵囿
	春秋战国(前770—前221)	思想解放、人才辈出的时代,以孔孟(儒家)、老庄(道家)思想为主流,宇宙人生哲学备受关注 (1)各诸侯多有囿圃 (2)人与自然的关系由敬畏到敬爱	·郑国的原圃,秦国的具囿,吴国的梧桐园、会景园、姑苏台
	秦(前221—前206)	(1)秦始皇灭诸侯各国,建立统一的帝国,大兴土木,宫苑建筑规模宏大,建筑艺术与建筑技术水平空前提高 (2)驰道旁种树,为全世界最早的行道树	·阿房宫 ·在咸阳"作长池,引渭水……筑土为蓬莱山",把人工堆山引入园林,以供帝王游赏
	汉(前206—220)	整个汉代处于封建社会的上升时期,社会生产力的发展促进了建筑的繁荣与发展,中国木架建筑渐趋成熟,砖石建筑和拱券结构建筑有了很大的进步 (1)帝王权贵多建园林,皇家园林的主要模式为"一池三山" (2)汉代后期,官僚、贵族、富商的私家园林已经出现,承袭囿、苑的传统,建筑组群结合自然山水 (3)人与自然关系密切,主要以大自然为师法的对象,中国园林作为风景式园林的特点已经具备,不过尚处在比较原始、粗放的状态	·渭河南岸建上林苑,其范围极大,是集狩猎、游憩和生产基地于一体的综合性园林 ·甘泉池、思贤苑 ·未央宫、东苑 ·建章宫 ·梁孝王刘武的梁园,茂陵富人袁广汉于北邙山下筑园
转折期(三国—南北朝,220—589)	三国(220—280)晋(265—420)南北朝(420—589)	社会动荡突破了儒学的正统地位,出现了百家争鸣。文人和士大夫受到政治动乱和佛、道出世思想的影响,崇尚"玄学"。此时出现了田园诗和山水画,对造园艺术影响极大,初步确立了园林美学思想,奠定了我国自然式园林发展的基础,是中国园林发展史上的一个转折时期。民间私家园林、寺观园林应运而兴 (1)南北朝的自然山水园中已经出现比较精致而结构复杂的假山,有意识地运用假山、水、石以及植物与建筑的组合来创造写实山水园的景观 (2)僧侣们喜择深山水畔广建佛寺,在自然风景中渗入了人文景观,为发展中国特色的名胜古迹奠定了基础	·魏铜雀园、东吴芳林苑 ·北魏洛阳御苑"华林园" ·北方石崇的"金谷园",南方梁东王萧绎的"湘东苑",谢安、王道子、谢灵运等为慧远于庐山筑台造池 ·兰亭 ·青林苑 ·匡山刘慧斐的离垢园、建康沈约之郑园、扬州徐湛之园

续表

分期	朝代	主 要 特 点	代表实例
全盛期（隋—唐，581—907）	隋（581—618）唐（618—907）	隋唐王朝是我国封建社会统一大帝国的黄金时代。在前一时期中百家争鸣的基础上形成的儒、道、释互补共尊，儒家仍占正统地位。国富民强，文学艺术繁荣昌盛，造园规模大、数量多，手法也趋于成熟，我国园林发展进入全盛时期，中国山水园林体系的风格特征已经基本形成 （1）布景式园林，奇巧富丽 （2）宫苑和游乐地园林多靠山林，占地大 （3）唐代的私家园林也很兴盛。皇室、贵胄的园林崇尚豪华，而文人士大夫的园林则多清新雅致	·隋代山水建筑宫苑：洛阳的西苑 ·唐代宫苑和游乐地：长安的大明宫、华清宫、大兴宫、兴庆宫；我国首座公共游览性的大型园林——长安城曲江 ·唐代自然园林式别业山居：王维的辋川别业，白居易的庐山草堂，宋之问的蓝田别业
成熟期（五代—清初，907—1736）及成熟后期（清中叶—清末，1736—1911）	五代（907—960）宋（960—1279）	（1）五代时期园林风格细腻精到，洒脱轻快；奇石盆景应用广 （2）宋代的园林艺术在隋唐的基础上又有所提高，受绘画影响极大，写意山水画技法成熟，寓诗于山水画中，园林与诗、画的结合更为紧密，创造了富有诗情画意的三维空间的自然山水园林景观 （3）南宋迁都临安，江南园林兴盛，成为中国园林主流	·北宋都城东京（开封）艮岳、金明池、琼林苑、玉津园等皇家园林 ·洛阳富郑公园，司马光的独乐园 ·苏子美沧浪亭，欧阳修平山堂
	元（1206—1368）	元朝因是异族统治，士人多追求精神境界，园林成为其表现人格自由、借景抒情的场所，因此园林中更重情趣、重情、写意，园林发展仍兴盛	御园、南园、倪瓒清闭阁、沈氏东园（今留园）、狮子林等
	明（1368—1644）	造园规模不大，日趋专业化，造园艺术和技术也更精致熟练，由全盛期升华为富有创造进取精神的完全成熟的境地，对东方影响大 （1）江南是明清时期经济最发达的地区，积累了大量财富的地主、官僚、富商们喜居闹市而又要求享受自然风致之美。因此私家园林以江南地区宅园的水平为最高，数量也最多 （2）造园方面的理论著述对我国的园林艺术进行了高度概括，如明末计成的《园冶》、文震亨的《长物志》等	保存下来的实物较多，北方以北京为中心；江南以苏州、湖州、杭州、扬州为中心，如王氏拙政园、留园
	清（1616—1911）	康熙、雍正、乾隆盛期，宫苑造园规模大、数量多。园林的发展，一方面继承前一时期的成熟传统，更加趋于精致，表现了造园艺术的辉煌成就；另一方面则暴露出某些衰颓的倾向，已多少丧失前一时期的积极创新精神。清末民初，西方文化涌入，我国园林结束了古典时期，进入了近现代园林阶段 （1）为北方皇家园林的鼎盛时期。江南的造园手法亦因乾隆皇帝多次巡江南而被带回京，用于宫廷苑囿之中；同时吸收了蒙、藏、维等少数民族的风格，还接受了西洋风格 （2）民间造园普遍	"三山五园"：香山静宜园、玉泉山静明园、万寿山清漪园、圆明园、畅春园；承德避暑山庄、滦阳行宫、蓟县盘山行宫等；南京袁枚随园、扬州八家花园、李渔半亩园、苏州留园、网师园、怡园、西园；岭南以珠江三角洲为中心，如番禺余荫山房、东莞可园、顺德清晖园等

中国园林中,园林建筑作为园林的构成要素之一,至今已有数千年的历史。古典园林建筑以木结构为主,在建筑技术、造型等方面独树一帜。

二、外国古典园林及园林建筑

(一)日本园林

日本园林初期多受中国园林的影响,尤其是平安朝时代。到了平安朝中期,因受佛教思想,特别是受禅宗影响,重意趣而不重外物,多以闲静为主题,融情于景。平安朝末期,明治维新以后,受欧洲致力于公园建造的影响,日本进入造园的黄金时期。日本园林的发展大致经历了以下几个主要时期。

1. 平安朝时代

桓武天皇迁都平安京后,由于三面环山,山城水源、岩石、植物材料丰富,故在造园方面颇有建树。当时的宫殿楼宇及庭园建筑均是仿照我国唐朝制度。

2. 镰仓时代

源赖朝幕府建镰仓,武权当道,造园事业随之衰落。此时正值佛教兴隆,人民受禅宗影响,追求适意自在的人生,注重内心的自我平衡。此时的造园风格多以幽邃的僧式庭园为主,追求超然、旷达、宁静、恬淡、高雅、淡泊的意境。称名寺、西芳寺庭园、天龙寺庭园都是这一时期朴素风尚的"枯山水"式庭园的典型代表。

3. 室町时代

室町时代是日本造园的黄金时代。这一时期的日本园林在自然风景方面显示出一种高度概括、精练的意境。这时期出现的写意风格的"枯山水"平庭,具有一种极端的写意和富于哲理的趋向。京都西郊龙安寺南庭是日本"枯山水"的代表作(见图1-8)。

★ 微视频

枯山水

图1-8 龙安寺南庭

4. 桃山时代

桃山时代结合了日本自身的地理条件和文化传统,发展了它的独特风格,是日本造园个性时代的开始。当时茶道兴盛,以至茶庭、书院等庭园迭出。茶庭的面积比池泉筑山庭小,要求环境安静,便于沉思冥想,故造园设计比较偏重于写意。

5. 江户时代

日本江户时代,回游式庭园兴起。回游式庭园是以步行方式循着园路观赏庭园之美,以大面积的水池为中心,水中有一中岛或半岛为蓬莱岛,景观连续出现,每景各有主题,由步径小路将其连接成序列风景画面。这一时期建成了好几座大型的皇家园林,其中著名的京都桂离宫是日本回游式庭园的代表作品(见图1-9)。

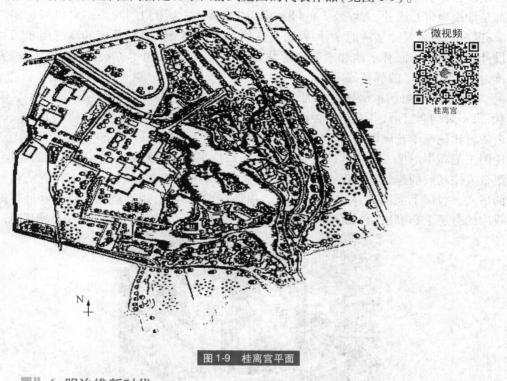

★ 微视频

桂离宫

chapter 01
chapter 02
chapter 03
chapter 04
chapter 05
chapter 06
chapter 07

图1-9 桂离宫平面

6. 明治维新时代

明治维新以后,日本大量吸收西方文化,也输入了欧洲园林。但欧洲园林的影响只限于城市公园和少数"洋风"住宅的宅园,日本传统的私家园林仍然是主流,而且作为一种风格独特的园林形式传播到了欧美各地。

(二)西方园林

西方园林的起源可以追溯到古埃及和古希腊。而欧洲最早接受古埃及中东造园影响的是希腊,希腊将精美的雕塑艺术及地中海区盛产的植物加入到庭园中,使过去实用性的造园加强了观赏功能。几何式造园传入罗马,再传入意大利,罗马人和意大利人加强了水在造园中的重要性,使许多美妙的喷水出现在园林中,并在山坡上建立了许多台地式庭园,这种庭园的另一个特点是将树木修剪成几何图形。台地式庭园传到法国后,成为平坦辽阔的形式,并且加进更多的花草,栽植成人工化的图案,从而确定了几何式庭园的特征。法国几何式造园在欧洲大陆风行的同时,英国一部分造园家不喜欢这种违背自然的庭园形式,他们提倡自然庭园。自然庭园有天然风景似的森林及河流,像牧场似的草地及散植的花草。英国式与法国式的极端相反的造园形式,后来混合产生了混合式庭园。其形成了美国及其他各国造园的主流,并加入了科学技术及新潮艺术的内容,使造园确立了游憩及商业上的地位。西方园林的发展主要经历了下列几个时期。

1. 西方古代的园林

(1)古埃及园林。地中海东部沿岸地区是西方文明的摇篮。公元前3000多年,古埃及在北非建立奴隶制国家。尼罗河沃土冲积,适宜农业耕作,但国土的其余部分都是沙漠地带。因此,古埃及人的园林即以"绿洲"作为模拟的对象。尼罗河每年泛滥,退水之后需要丈量耕地,因而发展了几何学。古埃及人也把几何的概念用于园林设计。其设计的园林水池和水渠的形状方整规则,房屋和树木亦按几何规矩加以安排,是世界上最早的规整式园林。

(2)巴比伦悬园。底格里斯河一带,地形复杂而多丘陵,且地潮湿,庭园多呈台阶状,每一阶均为宫殿,并在顶上种植树木,从远处看好像悬在半空中,故称为悬园。著名的巴比伦空中花园就是其典型代表。巴比伦空中花园建于公元前6世纪,是新巴比伦国王尼布甲尼撒二世为他的妃子建造的花园。据考证,该园建有不同高度的台层,组合成剧场般的建筑物。每个台层以石拱廊支撑,拱廊架在石墙上,拱下布置成精致的房间。台层上面覆土,种植各种花木。顶部有提水装置,用以浇灌植物。这种逐渐收缩的台层上布满植物,如同覆盖着森林的人造山,远看宛如悬挂在空中(见图1-10)。

图1-10　传说中的巴比伦空中花园

(3)波斯园林。波斯土地干燥,多丘陵地,地势倾斜,故造园皆利用山坡,做成阶段式立体建筑,然后行山水,利用水的落差与喷水,并栽植点缀。其中著名者为"乐园",是王侯、贵族之狩猎苑。

(4)古希腊园林。古希腊通过波斯学到了西亚的造园艺术,将其发展成住宅内布局规则方整的柱廊园。古希腊园林大体上可以分为三类。

第一类是供公关活动游览的园林。其早先为体育竞技场,后来为了遮阴而种植的大片树丛逐渐开辟为林荫道,为了灌溉而引来的水渠逐渐形成装饰性的水景,到处陈列着体育竞赛优胜者的大理石雕像,林荫下设置座椅。人们不仅来此观看体育活动,也可以散步、闲谈和游览,如奥林匹克祭祀场(见图1-11)。

图 1-11　奥林匹克祭祀场的复原图

第二类是柱廊园林。古希腊的柱廊园,改进了波斯在造园布局上结合自然的形式,在城市的住宅四周以柱廊围绕成庭院,庭院中散置水池和花木。其特点是喷水池占据中心位置,使自然符合人的意志。

第三类是寺庙园林,即以神庙为主体的园林风景区,例如德尔菲圣山。

🔊 小提示

公元前500年,以雅典城邦为代表的完善的自由民主政治带来了文化、科学、艺术的空前繁荣,园林的建设也很兴盛。

(5)古罗马园林。古罗马继承了古希腊的传统而着重发展了别墅园和宅园这两类。

第一类是别墅园。别墅园多修建在郊外和城内的丘陵地带,包括居住房屋、水渠、水池、草地和树林。

第二类是宅园(见图1-12)。古罗马宅园大多采用柱廊园的布局形式,具有明显的轴线。每个家族的住宅都围成方正的院落,沿周排列居室,中心为庭园,围绕庭园的边界是一排柱廊,柱廊和居室连在一起。院内有喷泉和雕像,四周有规整的花树和葡萄篱架。廊内墙面上绘有逼真的林泉或花鸟,利用人的幻觉使空间产生扩大的效果。更有的宅园在柱廊园外设置林荫道小院,称为绿廊。

图 1-12　古罗马宅园

 chapter 01
 chapter 02
 chapter 03
 chapter 04
 chapter 05
 chapter 06
 chapter 07

古罗马园林到了全盛时期,造园规模大为扩大,多利用山、海之美于郊外风景胜地做大面积别墅园,奠定了后世文艺复兴时意大利造园的基础。

2.中世纪时代园林

公元5世纪罗马帝国崩溃直到16世纪的欧洲,史称"中世纪"。当时,整个欧洲都处于封建割据的自然经济状态,除了修道院寺园和城堡式庭园之外,园林建筑建设几乎完全停滞。寺院园林依附于基督教堂或修道院的一侧,包括果树园、菜畦、养鱼池和水渠、花坛、药圃等,布局随意而无定式。其造园的主要目的在于生产果蔬副食和药材,观赏的意义尚属其次。城堡园林由深沟高墙包围着,园内建置藤萝架、花架和凉亭,沿城墙设坐凳。有的园林在中央堆叠一座土山,称为座山,上建亭阁之类的建筑物,便于观赏城堡外面的田野景色。

3.文艺复兴时代园林

(1)意大利园林。

意大利的园林艺术主要是指它的文艺复兴和巴洛克的造园艺术,其直接继承了古罗马时期的造园艺术风格。意大利园林的主要特点是其空间形态是几何式的,也就是建筑式的。意大利园林一般附属于郊外别墅,与别墅一起由建筑师设计,统一布局,但别墅不起统率作用。意大利境内多丘陵,花园别墅建在斜坡上,花园顺地形分成几层台地,形成了意大利独特的园林风格——台地园。台地园有以下特点:在台地上按中轴线对称布置几何形的水池,用黄杨或柏树组成花纹图案的绿丛植坛,很少用花卉;重视水的处理,理水的手法远较过去丰富;外围的林园是天然景色,林木茂密;别墅的主建筑物通常在较高或最高层的台地上,可以俯瞰全园景色和观赏四周的自然风光。

到了17世纪以后,意大利园林则趋向于装饰趣味的巴洛克式,其特征表现为园林中大量应用矩形和曲线,细部有浓厚的装饰色彩,利用各种机关变化来处理喷水的形式,以及树型的修剪表现出强烈的人工凿作的痕迹。

意大利文艺复兴式园林中还出现了一种新的造园手法——绣毯式的植坛,即在一大片平地上利用灌木花草的栽植镶嵌组合成各种纹样图案,好像铺在地上的地毯。

(2)法国园林。

17世纪,意大利文艺复兴式园林传入法国。法国多平原,有大片天然植被和大量的河流湖泊。法国人并没有完全接受台地园的形式,而是把中轴线对称均匀的规整式园林布局手法运用于平地造园,从而形成了法国特有的园林形式——勒诺特尔式园林。它在气势上较意大利园林更强,突出人工的几何形态,绿化修剪成几何形,水面也成几何形。

勒诺特尔是法国古典园林集大成的代表人物,他设计的园林总是把宫殿或府邸放在高地上,居于统率地位,从建筑的前面伸出笔直的林荫道,在其后是一片花园,花园的外围是林园。府邸的中轴线,前面穿过林荫道指向城市,后面穿过花园和林园指向荒郊。他所设计的宫廷园林规模都很大,花园的布局、图案、尺度都和宫殿府邸的建筑构图相适应。花园里,中央主轴线控制整体,配上几条次要轴线,外加几道横向轴线,便构成了花园的基本骨架。孚·勒·维贡府邸花园和闻名世界的凡尔赛宫苑(见图1-13)都是这位古典主义园林大师的代表作。

图1-13　法国凡尔赛宫苑

（3）英国自然风景园。

英国是大西洋中的一个岛国,如茵的草地、森林、树丛与丘陵地相结合,构成了英国天然的特殊景观。人民对大自然的热爱与追求,形成了英国独特的园林风格。14世纪之前,英国造园主要模仿意大利的别墅、庄园,园林的规划设计为封闭的环境,多构成古典城堡式的官邸,以防御功能为主。14世纪起,英国所建庄园转向了追求大自然风景的自然形式。17世纪,英国模仿法国凡尔赛宫苑,将官邸庄园改建为法国园林模式的规整苑园,一时成为其上流社会的风尚。18世纪,英国引入中国园林、绘画与欧洲风景的特色,探求本国的新园林形式,出现了自然风景园。

英国的风景式园林与勒诺特尔风格完全相反,它否定了纹样植坛、笔直的林荫道、方整的水池、规整的树木,摒弃了一切几何形状和对称均齐的布局,代之以弯曲的道路、自然式的树丛和草地、蜿蜒的河流,讲究借景和与园外的自然环境相融合。

> 🖥 **知识链接**
>
> 风景式园林比起规整式园林,在园林与天然风景相结合、突出自然景观方面有其独特的成就,但却又逐渐走向另一个极端,即完全以自然风景或者风景画作为抄袭的蓝本,虽本于自然但未必高于自然。因此,从造园家列普顿开始,又复使用台地、绿篱、人工理水、植物整形修剪和建筑小品,特别注意树的外形与建筑形象的配合、衬托以及虚实、色彩、明暗的比例关系。甚至有的在园林中故意设置废墟、残碑、断碣、朽木、枯树,以渲染一种浪漫的情调。这就是所谓的浪漫派园林。

🍎 三、现代园林与园林建筑的发展趋势

现代园林由于服务对象不同,园林范围更加广阔,内容更为丰富。尤其是随着人与环境的矛盾日益突出,不应单纯把现代园林作为游览的场所,而应把它放在环境保护、生态平衡的高度来设计。随着社会经济的不断发展,人们的物质生活水平得到了大幅度的提高,工作时间的缩短以及便捷的交通条件,都为人们提供了外出观光游览的有利条件,人们渴望欣赏优美的园林景观、享受大自然的激情越来越强烈,这一切促

使园林事业的发展比历史上任何时期都更加迅猛。正是基于社会和人类的这种强烈的需求,现代园林与园林建筑发展应该更适合现代生活,满足人们的各种需求。现代园林与园林建筑的发展趋势体现在以下几个方面。

(一)合理利用空间

由于人口增加,土地使用面积相对减少,园林建设中应注意对有限空间的合理利用,提高空间的利用率。在造园实践中,不仅要合理利用各种大小不同的空间,还要从死角中发掘出额外的空间。

(二)园林的内涵在扩大

现代园林注重人们户外生活环境的创造,从过去纯观赏的概念转为重视园林的环境保护、生态效益、游憩、娱乐等综合功能。现代园林成为人们生活环境的组成部分,而不再是单纯为美观而设。

(三)园林的形式简单而抽象

在现代社会,人们的生活节奏加快,古典园林建筑中繁杂细腻的构图形式已不能适应现代人的审美需求,现代园林的设计讲求简单而抽象,所以在现代的园景中,我们常常可以见到大片的花、大片的树和草地。另外,在园林设计中,由于受其他艺术的影响,园林创作也注意表现主观的创意、现代感的造型、现代感的线条,不但出现了许多新颖的雕塑,而且即使是道路、玩具或其他实用设施,也都变得抽象起来了。

(四)造园材料更复杂

随着科学的发展,许多科研新产品不断被应用在园林中。例如,利用生物工程技术培育出来的大量抗逆性强的观赏植物新品种,极大地丰富了现代园林中的植物材料种类;塑料、充气材料的发明和应用,促使现代园林中的建筑物向轻型化、可移动、可拆卸的方向发展。

(五)造园材料企业化生产

受工业生产小规模化、标准化的影响,各国开始盛行造园材料企业化生产。不但苗木可以大规模经营,就是儿童玩具、造园装饰品及其他材料,也多由工厂统一制造。这样做的弊端是丧失了艺术的创意性,但从价值及数量上看却是一大改进。

(六)采用科学的方法进行园林建筑设计

过去的观念是将园林当作艺术品般琢磨,如今的园林及其建筑设计却是采用科学的方法来完成。设计前要进行调查分析,设计后还要根据资料进行求证,再配合科学技术施工完成。可以说,现代园林设计已从艺术的领域走向科学的范畴了。

学习案例

《红楼梦》中说大观园:"偌大景致,若干亭榭,无字标题,也觉寥落无趣,任有花柳山水,也断不能生色。"陈从周先生在《说园》一书中曾写:"有时一景相看好处无一言,必藉之以题辞,辞出而境生。"苏州拙政园中的远香堂、怡园的藕香榭,都营造了"出淤泥而不染,濯清涟而不妖"的荷花意境之美。

☀ **想一想**

通过对上述几处园林景观的描述,说说园林建筑在园林中的功能作用。

⧗ **案例分析**

1. 满足使用功能

作为园林中一个必不可缺少的组成部分,园林建筑要为游人提供休息、游览、赏景、文化娱乐活动的场所。

2. 满足景观功能

园林建筑和其他建筑不同,它不仅要满足一定的使用功能,还需符合园林环境的景观效果,要求造型美观,能够美化环境,满足一定的景观要求。

3. 引导游览路线

游人在园林中漫步游览时,按照园路的布局行进,但比园路更能吸引游人的是景区的景点、建筑。

4. 组织和划分园林空间

园林建筑具有组织空间和划分空间的功能作用。

5. 创造意境

园林建筑是体现园林意境的重要手段,我国园林通常在园名、题咏、匾额、楹联中体现出意境。

chapter 01
chapter 02
chapter 03
chapter 04
chapter 05
chapter 06
chapter 07

∞ **知识拓展**

园林中常用的造园手法介绍

园林中常将山林、水体、建筑、地面、声响、天象和气象等因素作为素材,巧运匠心,组织成为优美的园林,利用主景与配景、借景、对景、障景、分景、隔景、夹景、框景、漏景、透景、点景等造景手法,运用分宾主、布虚实、做呼应、排层次、求曲折等方式来造园。

在我国遗留下来的古建筑实物中,以唐宋元明清时期的建筑形制为多,并且遗留下两部完整的文化遗产,即宋朝李诫修编的《营造法式》和清朝工部《工程做法则例》,这两部书是研究古建工程设计和施工的基本依据。无论是宋代还是清代,都使用两种用尺制度,其都与建筑规模等级有关。宋《营造法式》分为殿堂、厅堂和余屋三类,清《工程做法则例》分为大式建筑和小式建筑。大式建筑是指建筑规模大、构造复杂、做工精细、标准要求高的建筑,绝大多数带有斗棋,主要指宫殿、庙宇、府邸、衙署、皇家园林等为上层阶层服务的建筑;小式建筑主要是指规模小、标准低、结构简单、一般不带斗棋的民居建筑、府衙官邸中厢偏房、一般园林建筑等。

▦ **情境小结**

本学习情境介绍了园林建筑与园林的关系、园林建筑的基本知识、中国古典园林及园林建筑的发展史、近现代园林及园林建筑的发展趋势,探讨了学习本课程的方法要点。园林建筑是园林四大要素之一,处理好建筑与其他三大要素之间的关系,是构建完美、和谐、合理的园林环境的关键。学习我国、外国古典园林及园林建筑的发展和特点,是为了以历史的眼光看待园林和园林建筑的发展历程,为学习园林建筑积累一定的知识。了解现代园林和园林建筑的发展趋势,是为了把握时代的脉搏,确定新时期园林建筑所追求的目标。

学习检测

填空题

1. 园林大体都由四大要素构成,即_____、_____、_____和_____。

2. _____既可作为观景点,又可作为被观赏的景点。

3. 园林建筑是园林的重要组成部分,它既有_____,又有_____、_____功能。

4. 园林建筑"_____""_____,_____"是其他建筑无法与之相比的。

5. 中国古典园林的发展史可分为:_____、_____、_____、_____及_____。

6. 现代园林注重人们户外生活环境的创造,从过去纯观赏的概念转为重视园林的_____、_____、_____、_____等综合功能。

选择题

1. ( )是构成整个园林景观的骨架,其他园林要素常以它为依托。
   A. 建筑 　　　　B. 地形 　　　　C. 水体 　　　　D. 植物

2. 中国园林的创作是以( )为基本形式,通过山、水、植物、建筑四种基本要素的有机结合,构成美妙的园林景观。
   A. 自然山水园 　　B. 人工山水园 　　C. 古迹遗址园 　　D. 其他

3. 下列属于游憩性建筑的园林小品是( )。
   A. 游艺室 　　　　B. 花架 　　　　C. 俱乐部 　　　　D. 演出厅

4. ( )时期,木架建筑渐趋成熟,砖石建筑和拱券结构建筑也有了很大的进步。
   A. 清朝 　　　　B. 明朝 　　　　C. 唐朝 　　　　D. 汉朝

简答题

1. 简述园林建筑在园林景观创造方面所起的作用。

2. 简述园林建筑的分类。

3. 收集资料并简述汉代、唐代、宋代园林建筑在结构上有何成就。

★测试题　　　　★测试题

选择题　　　　判断题

学习情境二

园林建筑设计的基本知识

情境引入

鹊桥(见图 2-1)以富有装饰性的形式,融入历史的思维和空间,每个设计元素均追求文化象征的内涵。景观安排均开宗明义、目标明确。偶数的栏板、双数的肩拱、双开间的桥亭与桥台,用偶数所拥有的数理寓意传达出一个理念:喜庆、和合与祝福。仅有的一奇数为桥型所决定的单拱,但这却是为牛郎、织女所搭之"虹桥"。桥身的云纹、千只喜鹊构筑的桥面、汉楚风格的凤鸟纹样栏板,用细腻述说了一种浪漫的意境。

图 2-1　鹊桥

案例导航

鹊桥讲述了一个动人的爱情故事,也表达了一种喜庆的寓意。通过以上案例可知,园林建筑设计的基本知识包含了园林建筑设计的要素、内容与依据,园林建筑设计的特点与原则,园林建筑设计的风格。

要掌握园林建筑设计的基本知识,要重点掌握的知识有:

(1)园林建筑设计的要素、内容与依据;

(2)园林建筑设计的特点与原则;

(3)园林建筑设计的风格。

1 学习单元1　园林建筑设计的要素、内容与依据

知识目标

（1）了解园林建筑设计的要素；

（2）掌握园林建筑的主要内容；

（3）了解园林建筑设计的根本依据。

技能目标

（1）通过本节的学习，了解园林建筑设计的基本设计理论；

（2）能够为园林建筑设计提供依据和指导。

基础知识

一、园林建筑设计的要素

　　园林中供人游览、观赏、休憩并构成景观的建筑物或构筑物统称为园林建筑设计的对象。这些建筑物和构筑物不同于其他园林要素的最大特点是其人工成分多。由此可见，园林建筑是园林诸多要素中最灵活、最积极的，其体型、色彩、比例、尺度都可以极大地满足园林营造的需要。当然，园林建筑的外观和平面功能布局除了要满足特定的功能外，还受到景观的制约，两者相辅相成、相互制约（见图2-2和图2-3）。

图2-2　古代园林建筑

图2-3　现代园林建筑

🔊 小提示

　　园林的基本构成要素有山、水、建筑和植物。其中，山和水是园林的地貌基础；建筑指园林中除了山水之外的人工构筑物，包括屋宇、建筑小品和各种工程设施；植物则构成园林建筑与环境的良好过渡。

二、园林建筑设计的主要内容

(一)设计内容

园林建筑设计是指设计一个园林建筑物或建筑群所要做的全部工作,一般包括建筑设计、结构设计、设备设计等几个方面的内容。

1. 建筑设计

建筑设计是在总体规划的前提下,根据任务书的要求,综合考虑基地环境、使用功能、结构施工、材料设备、建筑经济及建筑艺术等问题,着重解决建筑物内部各种使用功能和使用空间的合理安排,建筑物与周围环境、各种外部条件的协调配合,内部和外表的艺术效果,各个细部的构造方式等,创造出既符合科学性又具有艺术性的生产和生活环境。

2. 结构设计

结构设计主要是根据建筑设计选择切实可行的结构方案,进行结构计算及构件设计等,一般由结构工程师完成。

3. 设备设计

设备设计主要包括给水排水、电气照明、通信、采暖、空调、通风、动力等方面的设计,由有关的设备工程师配合建筑设计完成。

(二)个性特征

园林建筑具有在物质及精神方面的独自特点以及区别于其他建筑类型的个性特征。这些个性特征决定了园林建筑在设计全过程中的原则、方法、技巧等与其他建筑不同,其主要体现在以下 8 个方面。

1. 强调游憩功能

任何建筑都有自己的功能,只是侧重点不同。园林建筑主要是为了满足人们游览、休憩和身心放松的需要,因此更强调游憩的功能。即便是具备多种综合功能的园林建筑,其游憩功能往往也是第一位的。

2. 形态灵活多变

园林建筑受到游乐、休闲多样性及观赏性的影响,在设计方面有更大的灵活度和自由度,正如明代计成在《园冶》中所述:"惟园林书屋,一室半室,按时景为精,方向随宜,鸠工合见。"多数园林建筑设计条件宽松,在建筑面积、尺度、体量的规模上可大可小、可多可少,在建筑形式、形态上可方可圆、可长可短、可高可低,几乎无章可循、不一而足,所谓"构园无格、营建无规"。因此,园林建筑在形态上灵活多样、千变万化。

3. 强化景观效果

园林建筑的主要功能之一是塑造具有观赏价值的景观,创造并保存人类生存的环境与扩展自然景观的美。艺术性是园林建筑的固有属性。建筑往往是园林中的主要画面中心,是构图中心的主体。没有建筑就难以成景,难言园林之美。园林建筑在园林景观构图中常有画龙点睛的作用,重要的建筑物常常被作为风景园林的一定范围内甚至整个园林的构景中心,这一点与环境中的雕塑作品有相同之处。因此,园林建筑自身在视觉上的可观赏性是需要强化的。

chapter 01
chapter 02
chapter 03
chapter 04
chapter 05
chapter 06
chapter 07

4. 注重空间组织

园林不管规模大小,为增加空间层次、景深和丰富景观效果,往往规划设计成多个不同功能特色的空间集合,为游人营造一个流动的空间。其一方面表现为自然风景的时空转换,另一方面表现在游人步移景异的过程中。不同的空间类型组成有机整体,并对游人形成丰富的连续景观,即园林景观的动态序列。园林建筑常常在园林组景中起到起承转合的作用,或划分限定,或导引指向。从这一点上来说,园林建筑在空间组织和引导方面发挥了不可或缺的作用。

5. 突出诗画意境

自然风光的环境气氛和特质是固有的,聪明的园林景观设计师善于利用园林建筑富有艺术性的形式、风格及布局来进一步渲染和突出某种特定的环境情调,并通过多种组景手法和诸如诗词、匾额、楹联等文学媒介激发人的共鸣和联想,以加强和突出园林的诗情画意。

6. 传递天地情韵

园林建筑为游人提供了丰富多变的室内及内外过渡空间,同时流通的、外向的空间设计手法提供了进行内外视觉、听觉交流的通道。人们可以在园林建筑中充分感知大自然的气息,和天地进行交流,而且这种感知和交流是有指向性、选择性和创意性的。在这里,园林建筑无疑是人与自然信息传递的使者,是使人感知自然神韵的空间载体。这一点增加了园林建筑在形态设计、空间处理上的难度,决定了园林建筑设计与城市中其他公共建筑设计的不同。

7. 尊重自然生态

园林建筑源于自然,其形式、用材、色彩、构造均应与自然协调一致。园林建筑应以保护自然为宗旨,因地制宜,在山川自然中"度高平远近之差,开自然峰峦之势",如中国传统建筑,符合自然生长发展的规律,与自然相映相融,共生共荣。

8. 建筑环境合一

"天人合一"思想认为天、地、人是一个密不可分的整体,是一个"存在"的连续体,即"万物一体",这是我国古代环境观念中的精华。这种思想也反映在园林建筑的规划、设计与营建之中。建筑选择了环境,环境也选择了建筑,建筑与环境协调并存。风景园林中的建筑很少像现代建筑那样突兀、张扬地显示自身的存在,而是与周边环境自然、和谐地融为一体,强化和升华自然美,有效提升环境品质,成为优美自然环境的有机组成部分。

> **🔒 小技巧**
>
> 建筑设计的主要目的是通过调动诸如结构、材料、施工等物质手段和政治、经济、文化、历史及艺术技巧等精神要素,为人类营造一个适宜的空间环境。

📖 三、园林建筑设计的依据

(一)功能要求的影响

1. 功能对空间的"量"的规定性

此即空间的大小。使用功能不同,空间的面积和体积就不相同。

2. 功能对空间的"形"的规定性

大多数房间采用的是矩形平面。但一些特殊用房如体育比赛场馆,由于使用和视听要求,可以采用圆形、椭圆形等环形平面,而天象厅则由于要模拟天穹而应采用球状空间。

3. 功能对空间的"质"的规定性

此即一定的采光、通风、日照条件以及经济合理性、艺术性等。少数特殊房间如影剧院还有声学、光学要求,计算机房有防尘、恒温等要求。

(二) 人体尺度与家具布置的影响

人体尺度及人体活动所占的空间尺度是确定民用建筑内部各种空间尺度的主要依据。如图 2-4 所示为我国中等身材男子的人体基本尺寸,如图 2-5 所示为人体活动尺度。

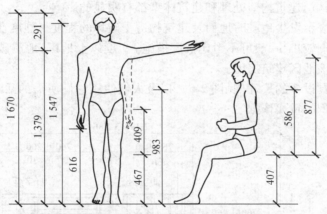

图 2-4　我国中等身材男子的人体基本尺寸(单位:mm)

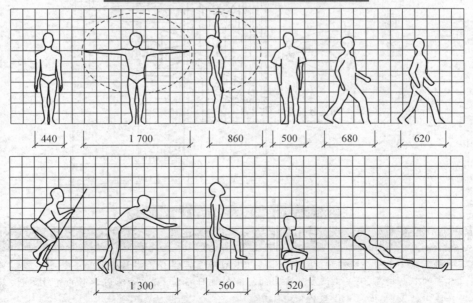

图 2-5　人体活动尺度(单位:mm)

人的基本动作尺度是人体处于运动时的动态尺寸,其是对处于动态中的人体进行测量。在此之前,我们可先对人体的基本动作姿势加以分析。人的工作姿势,按其工作性质和活动规律,可分为站立姿势、坐倚姿势、跪坐姿势和躺卧姿势。坐倚姿势包括依靠、高坐、矮坐、工作姿势、稍息姿势、休息姿势等。跪坐姿势包括盘腿坐、蹲、单腿跪立、双膝跪立、直跪立、爬行、跪端坐等。躺卧姿势包括俯卧、撑卧、侧撑卧、仰卧等。

(三)自然条件

建设地区的温度、湿度、日照、雨雪、风向、风速等是建筑设计的重要依据,对建筑设计有较大的影响。

基地地形平缓或起伏,基地的地质构成、土壤特性和地耐力的大小,对建筑物的平面组合、结构布置、建筑构造处理和建筑体型都有明显的影响。

地震烈度表示发生地震时地面及建筑物遭受破坏的程度。烈度在6度以下时,地震对建筑物影响较小,一般可不考虑抗震措施。9度以上地区,地震破坏力很大,一般应尽量避免在该地区建筑房屋。

房间内家具设备的尺寸(见图2-6),以及人们使用它们所需的活动空间是确定房间内部使用面积的重要依据。

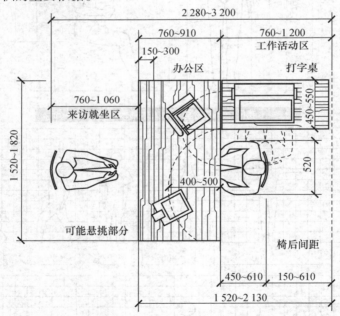

图2-6 房间内家具设备的尺寸(单位:mm)

随着生活水平的不断提高,人们对建筑提出的满足生理需要的要求也越来越高。同时随着技术水平的不断提高,满足上述生理要求的可能性也日益增大,比如使用新型的建筑材料,采用先进的建筑技术,都可改善建筑的各项性能。

四、影响园林建筑设计的因素

影响园林建筑设计的因素很多,在设计之前应全面分析调查研究,这样才能设计出实用、美观的高水平的作品。这些影响因素主要包括自然环境条件、人文环境条件、所有者与使用者特质等(见表2-1)。

表2-1 影响园林建筑设计的主要因素

影响因素			说 明
自然环境条件	气候	气温	地区温度影响建筑材料与结构的选择
		降水量	该地的降水量影响植物的选择与养护以及场地排水等
		风力、方向	影响园林建筑的布局及材料与结构的选择
		日照	四季日照条件影响建筑设计与植物的选择
	水体		基地(或附近)有无水源对园林建筑设计影响较大
	地形、地势		是平坦的还是有起伏的,并进行正负面的分析
	土壤		土壤、土壤构造、土壤的化学反应、地下水位的分布等影响园林建筑的布局及材料的选择
	动植物		了解当地的动植物种类、生长特点及分布状态
	原有地物		基地与附近可利用的造园材料,自然的(如有特色的植物群落、山水景致等)或人工的景物,有无改造与再利用的价值
人文环境条件	地方风貌特色		人文环境的地域性与文脉性为创造富有个性特色的空间造型提供重要的启发与参考,例如当地文化风俗、历史名胜、园林建筑设计风格等
	城市性质、规模		项目建设地属政治、文化、金融、商业、旅游、交通、工业还是科技城市,属特大、大型、中型还是小型城市
	交通状况		是否便利,正负面的影响,人流量、噪声的影响
	原有的人工设施		原有的构筑物、道路和广场的色彩、质感;各种地上、地下管线等
	材料市场供应状况		当地材料(主要指园林建筑材料)市场供应状况、价格
	法律法规		国家及当地政府的法律法规及规章制度
	社会状况		社会治安情况、劳动力供应情况
所有者	建设目的		是政府改善城市环境还是私人建设,是新建还是改建,是否收门票等
	经济能力		准备前期的预算投入多少、后期的养护投入多少
使用者	需求与兴趣		使用者的需求与兴趣是影响园林建筑设计的重要因素之一,可通过问卷调查进行分析,同时要明智地判断其需求是否合理,在设计中要正确引导
	性质与数量		使用者的性别、年龄、职业、生活习惯;游园人数与人口的相对密度、停车位等
	禁忌事项		老人活动区应考虑无障碍设计,水池深度宜浅;幼儿活动区应无有毒、有刺植物等

chapter 01
chapter 02
chapter 03
chapter 04
chapter 05
chapter 06
chapter 07

2 学习单元2 园林建筑设计的特点与原则

知识目标

（1）了解园林建筑设计的特点；
（2）掌握园林建筑设计的原则；
（3）了解园林建筑与环境的关系。

技能目标

（1）通过本单元的学习，能够掌握园林建筑设计的特点和原则；
（2）通过使用各种艺术手法，使园林建筑设计能力提高。

基础知识

一、园林建筑设计的特点

园林建筑设计必须以科学、先进的技术来保证其使用功能和审美需求。在明确设计任务、环境因素和工程技术条件以后，要选择新颖的理念、巧妙的构思、合理的布局，包括风格形式、细部的材质和色彩等进行设计。设计中要注意挖掘项目的地域特点、风俗习惯、文化背景，创造富有特色的设计作品。

任何一种建筑设计都是为了满足某种物质和精神的功能需要，采用一定的物质手段组织特定的空间。园林建筑空间是园林建筑功能与艺术构思和工程技术相结合的产物，需要符合实用、经济、美观的基本原则，同时，在艺术上还要考虑诸如统一、变化、尺度、比例、均衡、对比等原则。由于园林在物质和精神功能方面的特点，其具体的设计手法和要求与其他设计类型相比又表现出许多不同之处。

园林建筑设计在设计方法上归纳起来主要有以下5个特点（见表2-2）。

表2-2 园林建筑设计的主要特点

序号	特　点	内　　容
1	艺术性要求高	园林建筑的功能要求主要是满足人们的休憩和文化、娱乐、生活需要，艺术性要求高，因此园林建筑应有较高的观赏价值与文化艺术性
2	设计的灵活性大	园林建筑由于受到休憩、游乐、生活多样性和观赏性强的影响，因而在设计方面的灵活性大。这一特性既会为空间组合的多样化带来有利条件，也会给设计工作带来一定的难度
3	与整体环境的有机结合	园林建筑虽具有一定的独立性，但必须服从造园的整体布局。在空间设计中，要特别重视对室内外空间的组织和利用，通过巧妙的布局，使园林建筑与环境成为一个有机整体
4	注重步移景异的时空效果	园林建筑所提供的空间要适应游客在动中观景的需要，务求景色富于变化，做到步移景异。其对推敲建筑的空间序列和组织观赏路线的要求，与其他类型的建筑相比显得格外突出
5	追求声色皆具的立体效果	为了创造富有艺术意境的空间环境，要特别重视因借大自然中各种动态组景因素。园林建筑空间在花木水石的点缀下，再结合诸如各种水声、风啸、鸟语、花香等动态组景因素，常可产生奇妙的艺术效果

> 🔊 **小提示**
>
> 　园林建筑空间和其他类型的建筑空间有相似之处,如都是建筑功能、工程技术、艺术技巧相结合的产物,都需要符合实用、经济、美观的原则,但是和其他建筑类型相比,园林建筑又有其自身的特点。

📖 二、园林建筑设计的原则

　在园林建筑的具体规划设计中,应加强研究,认真分析,强调和突出园林建筑的自身特点,关注以下几个方面的内容与原则,在整个设计过程中运用科学的方法和理论,强化风景园林的景观品质和环境效果。

(一)构思与创意

　园林建筑与其他建筑一样,在设计前期首先要有好的构思和立意,这既关系到设计的目的,又是在设计过程中采用何种组景、构图手法的依据,所谓"造园之始,意在笔先"。随着社会的发展,创造和创新是设计领域永恒的主题,因此,创意是园林建筑设计构思过程的灵魂。在当今社会环境中,我们既要继承传统,又要发挥创造性,二者是相辅相成的。如图 2-7 和图 2-8 所示,两个建筑作品虽构思和设计手法相似,但立意不同,所达到的目的和效果也不同。

★ 微视频

黄帝陵

图 2-7　黄帝陵祭祀大殿内景

图 2-8　某水景设计

chapter 01
chapter 02
chapter 03
chapter 04
chapter 05
chapter 06
chapter 07

知识链接

在进行园林建筑的构思与创意设计时,应遵循以下原则:

(1)在重视建筑功能的同时,强调构思和立意;

(2)在强调景观效果的同时,突出艺术创意;

(3)园林建筑的构思与创意始终以环境条件为基础。

(二)相地与选址

中国传统风景园林、庭园的总体设计,首先重视利用天然环境、现状环境,这不仅是为了节省工料,更重要的是为了得到富有自然特色的庭园空间。明代计成在《园治·相地篇》中说:"相地合宜,构园得体。"古时的环境及用地分为山林、城市、村庄、郊野、傍宅、江湖等,近现代也依旧如此,只是城市中的园林类型增多,城市用地的自然环境条件越来越差,人工工程环境越来越多。在这种条件下,要创造和发展自然式庭园风格,需要在研究传统庭园理论的同时,寻求适应城市条件的新的设计方法。人们已经认识到在现今城市设计中保护已有自然环境(水面、树林、丘陵地)和尚存的历史园林庭园的重要性,因为自然山林、河湖水面、平冈丘陵、溪流、古树都是发展自然式园林和取得"构园得体"的有利条件。在这方面,陕西黄帝陵的选址较有代表性(见图2-9)。

图2-9　黄帝陵入口山门

小提示

建筑物在风景园林中的选址与一座园的营造道理是相通的。用地环境选择合适,施工用料方案得法,才能为庭园空间设计、具体组景、创造优美的自然与人工景色提供条件。

因此,在园林建筑的相地与选址中应遵守以下原则。

(1)充分利用和保护自然环境,既尊重大的环境,也注意细微的因素,如一草一木。

(2)选址要遵循因地制宜的原则,提倡"自成天然之趣,不烦人事之工"的设计思想,做到"相地合宜,构园得体"。

(3)关注其他环境因素,如气候、朝向、土壤、水质等。

（三）组合与布局

风景园林、庭园的使用性质、使用功能、内容组成以及自然环境基础等，都要体现到总体布局和建筑群体组合方案上。由于性质、功能、组成、自然环境条件的不同，其组合与布局也各具特点，可分为多种类型，主要有自然风景园林和建筑园林。建筑园林中又可分为以山为主体，以水面为主体，山水建筑混合，以草坪、种植为主体的生态园林（见图2-10）。

图2-10　以草坪为主体的生态园林

> **知识链接**
>
> 园林建筑在建筑空间的组合形式上有以下类型。
> （1）以独立建筑物与环境结合，形成开放性空间。
> （2）以建筑群体组合为主体的开放性空间。
> （3）建筑围合的庭院空间。
> （4）混合式空间组合。

组合与布局问题是园林建筑设计的中心问题，不同的园林建筑类型有不同的形式和设计方法。中国传统园林或以建筑功能为主的庭园，常以厅堂建筑为主划分院宇，延续庑廊，随势起伏；路则曲径通幽；低处凿池，面水筑榭；高处堆山，居高建亭；小院植树叠石，高阜因势建阁，再铺以时花绿竹。在具体设计中应注意以下问题。

（1）在建筑的空间组合与布局中注意加强对比，如体量的对比、形式的对比、明暗虚实的对比等。

（2）注意园林建筑空间的流通和渗透，如相邻空间的流通和渗透、室内外空间的流通和渗透等。

（3）丰富空间序列与层次，这也是风景园林规划与设计的总原则之一。

（四）因景与借景

计成在《园冶》中写道："夫借景，林园之最要者也。如远借、邻借、仰借、俯借、应时而借。""构园无格，借景有因。""借者，园虽别内外，得景则无拘远近。"由此可见，借景在园林建筑规划与设计中是极为重要的。借景的目的是把各种在形、声、色、香上能增添艺术情趣、丰富园林画面构图的外界因素引入本景空间中，从而使园林景观更具特色和变化。借景的主要内容有借形、借声、借色、借香等。

小技巧

　　在借形组景中,园林建筑主要采用对景、框景、渗透等构图手法,把有一定景观价值的造景要素纳入画面之中。

　　环境中的声音多种多样,在我国古典园林营造中,常常远借寺庙的晨钟暮鼓,近借溪谷泉声、林中鸟语,秋夜借雨打芭蕉,春日借柳岸莺啼。凡此种种,均可为园林建筑空间增添几分诗情画意。

　　借色成景在中国古典园林建筑中也十分常见,可借明月之色、云霞之色、冰雪之色、植物之色等。如杭州西湖的"三潭印月"(见图2-11)、承德避暑山庄的"月色江声""梨花半月"等,均以借月色组景而闻名。自然风景名胜之中,云雾霞光之色常能大大增加景物的意境和美感,"落霞与孤鹜齐飞,秋水共长天一色",即是最贴切的描述。环绕园林建筑四周的各种植物花卉,其色彩随着季节的变换而变化。借植物之色是季相造景的关键,如北京的著名景观"香山红叶"(见图2-12)。甚至远山雪峰之色也被借入园林建筑组景和诗画创作之中。杜甫的《绝句》——"两个黄鹂鸣翠柳,一行白鹭上青天。窗含西岭千秋雪,门泊东吴万里船",更是体现了中国传统组景中,把形与色、远与近、动与静、自然与人文等多种因素巧于因借、完美组合的造景原则。

图 2-11　杭州西湖的"三潭印月"

图 2-12　北京"香山红叶"

★微视频

香山红叶

　　在园林造景中利用植物香气怡悦身心、营造气氛、增添游园情趣,也具有不可忽视的作用。如广州兰圃的馥郁兰香、拙政园的"荷风四面亭"(见图2-13)等都是借香组景的范例。

图2-13　拙政园的"荷风四面亭"

chapter 01

chapter 02

chapter 03

chapter 04

chapter 05

chapter 06

chapter 07

📖 知识链接

园林建筑的因景与借景应遵循以下原则。

（1）在园林建筑的设计中,借景的主要原则是因景而借、借景有因,根据环境的特色、气氛及造景的需要,选择合适的组景手法和借景要素来达到借景的目的。

（2）要达到借景的目的,风景园林及园林建筑的选址也非常重要。

（3）注意处理好借景对象与本景建筑之间的关系,确定适当的得景时机和欣赏视角,做到和谐自然。

（五）尺度和比例

英国美学家夏夫兹博里说:"凡是美的都是和谐的和比例合度的。"尺度在园林建筑中是指建筑空间各个组成部分与自然物体的比较,是设计时不容忽视的要素。功能、审美和环境特点是决定建筑尺度的依据。恰当的尺度应和功能、审美的要求一致,并和环境协调。园林建筑是人们休憩、游乐、赏景的所在,空间环境的各项组景内容一般应具有轻松活泼、富有情趣和使人回味的艺术气氛,所以其尺度必须亲切宜人(见图2-14)。园林建筑的尺度除了要推敲建筑本身各组成部分的尺寸和相互关系外,还要考虑空间环境中其他要素如景石、池沼、树木等的影响,一般通过适当缩小构件的尺寸来取得理想的亲切尺度。室外空间大小也要处理得当,不宜过分空旷或闭塞。

图2-14　尺度宜人的园林建筑

另外,要使建筑物和自然景物尺度协调,还可以把建筑物的某些构件如柱子、屋面、踏步、汀步、堤岸等直接用自然的石材、树木来替代或以仿天然的喷石漆、仿树皮混凝土(见图2-15)等来装饰,使建筑和自然景物互为衬托,从而获得室外空间亲切宜人的尺度。现代园林建筑在材料、结构上的发展使建筑式样有很大的可塑性,而不必一味抄袭模仿古代的建筑形式。除了建筑本身的比例外,还需考虑园林环境中水、石、树等的形状、比例问题,以达到整体环境的协调(见图2-16)。

图2-15　仿树皮混凝土效果的景观

图2-16　具有整体协调性的园林一角

🔊 小提示

　　园林建筑的尺度是否恰当,很难定出绝对的标准,不同的艺术意境要求有不同的尺度感。在研究空间尺度的同时,还需仔细推敲建筑比例,一般按照建筑的功能、结构特点和审美习惯来推定。

　　针对不同的造景需要,园林建筑的设计尺度和比例要求亦不相同。除遵循一般视觉规律以外,园林建筑在具体设计中还应遵守以下原则。

　　(1)对规模大小不同的风景园林,园林建筑的尺度要求不同,因而比例也不同。

　　(2)园林建筑自身的尺度感也很重要,应注意推敲门、窗、墙身、栏杆、踏步、廊道等各部分细部的尺度及其和建筑整体的关系,力求给人以亲切舒适之感。

　　(3)园林建筑的比例尺度应与周边环境如小品、植物等的大小及形态相协调。

　　(4)园林建筑有观景与被观的区别,其尺度处理在内外空间的联系与过渡方面应注意根据不同视距、视角的差异来设计。

(六)色彩与质感

　　色彩与质感的处理与园林空间的艺术感染力有密切的关系。色彩有冷暖、浓淡的差别,色彩的感想和联想及象征可给人以不同的感受。质感表现在景物的纹理和质地两个方面。纹理有曲直、宽窄、深浅之分;质地有粗细、刚柔、隐现之别。质感虽不如色彩能给人多种情感上的联想、象征,但质感可以加强某些情调和气氛。古朴、活泼、柔媚、轻盈等感受的获取与质感处理关系很大。

🔊 小提示

　　色彩和质感是园林建筑材料表现的双重属性,两者相辅相成。只要善于发现各种材料在色彩、质感上的特点,并利用它们组织节奏、韵律、对比、均衡等构图变化,就有可能产生不同凡响的艺术效果,提高建筑的艺术感染力。

　　只有园林建筑的色彩与质感处理得当,园林空间才能有强有力的艺术感染力。形、色、声、香是园林艺术意境中的重要因素,而园林建筑风格的主要特征更多地表现在形和色上。我国南方建筑风格体态轻盈,色彩淡雅,北方则造型厚重,色泽华丽。随着现代建筑新材料、新技术的运用,园林建筑风格更趋于多姿多彩,简洁明丽,富于表现力。因此,在园林建筑设计中应注意以下几点。

1. 注意色彩与材料的配合

同一色彩用于不同质感的材料效果相差很大。它能够使人们在统一之中感受到变化,在总体协调的前提下感受到细微的差别。颜色相近,统一协调;质地不同,富于变化。充分运用材料的本色,可减少雕琢感,使色彩关系更具自然美。我国南方民居和园林建筑中常以不加粉饰的竹子做装饰,其格调清新淡雅、纯朴自然,极具个性。

2. 把握色彩的地域性、民族性

色彩的选用习惯和审美意义是由多数人的感受所决定的。受不同的地理环境和气候状况的影响,不同的民族与人种对色彩有着不同的喜好。气候条件对色彩设计也有很大影响。我国南方多用较淡或偏冷的色调(见图2-17),北方则多用偏暖的色调(见图2-18)。潮湿、多雨的地区,色彩明度可稍高;寒冷、干燥的地区,色彩明度可稍低。同一地区不同朝向的室内色彩也应有区别。朝阳的房间,色彩可以偏冷;阴暗的房间,色彩应稍暖一些。

★ 微视频

南方建筑

图2-17 色彩偏冷的南方建筑

图2-18 色彩偏暖的北方建筑

3. 考虑照明方式及光色

照明方式及光色也是影响园林建筑色彩与质感特征的重要因素。不同的灯具及光源,都会使园林建筑的色彩和质感发生变化,从而造成不同的心理感受。因此,在设计中应充分考虑该因素。

(七)结构与形态

建筑结构既是园林建筑的骨架,又是建筑物的轮廓。中国古典园林建筑中的斗拱、额枋、雀替等,从不同角度映衬出古典园林建筑的结构美、形态美。

小技巧

　　随着现代科学技术的进步,现代园林建筑结构的形式越来越丰富,如框架结构、薄壳结构、悬索结构等。当建筑的结构与建筑的功能和造型取得一致时,建筑结构也体现出一种独特的美。

　　例如,位于万荣县解店镇东岳庙内的飞云楼(见图2-19),相传始建于唐代,现存者系明正德元年(1506年)重建。楼面阔5间,进深5间,外观3层,内部实为5层,总高约23 m。底层木柱林立,支撑楼体,构成棋盘式。楼体中央,4根分立的粗壮天柱直通顶层。这4根支柱是飞云楼的主体支柱。通天柱周围有32根木柱支擎,它们彼此牵制,结为整体。平面正方,中层平面变为折角十字,外绕一圈廊道,屋顶轮廓多变。第三层平面又恢复为方形,但屋顶形象与中层相似。最上层再覆以一座十字脊屋顶。飞云楼体量不大,但有4层屋檐、12个三角形屋顶侧面、32个屋角,给人以十分高大的感觉。屋角宛若万云簇拥,飞逸轻盈。此楼楼顶以五彩琉璃瓦铺盖,通体显现木材本色,醇黄若琥珀。楼身上悬有风铃,风荡铃响,清脆悦耳。飞云楼楼体精巧奇特,充分体现了园林建筑的造型美和结构美。

★ 微视频

飞云楼

图2-19　万荣县解店镇东岳庙内的飞云楼

知识链接

　　园林建筑在结构和形态方面的设计中还应注意以下几点。

　　(1)结构与形态是相辅相成的,都是体现园林建筑风格与特征的重要方面,在设计中应合理选择和运用。

　　(2)园林建筑的形态很重要,而结构是形式的载体,在设计中应注意结构的科学性、合理性。

　　(3)园林建筑的结构与形态应与周边环境的尺度及形态相协调。

（八）可解与可索

认知学派是景观分析与评价的学派之一，它把包括园林建筑在内的景观作为人的生存空间、认识空间来评价，强调建筑对人的认知及情感反应上的意义，试图用人的进化过程及功能需求来解释人对园林建筑的审美过程。在这一过程中，园林建筑既要具有可被辨识和理解的特性——"可解性（Making sense）"，又要具有可以被不断地探索和包含着无穷信息的特性——"可索性（Involvement）"，如果这两个特性都具备，则园林建筑的景观质量就高。相关学者还将进化论美学思想同情感学说相结合，提出景观审美的"情感—唤起"模型，从而进一步开拓了对景观审美过程的研究。研究发现，良好的景观不仅仅作为审美对象而存在，同时也直接影响人的生理及心理的各种反应。好的景观往往能明显地加速疾病的康复，使人产生积极的心理反应；而不良的景观则会延缓病体的恢复，易使人产生消极的心理反应。

可解性与可索性是园林建筑具备良好景观价值的重要特征。围绕这两个方面，在园林建筑设计中应注意以下几点。

（1）可解性与可索性是相关联的两个因素，在园林建筑的设计中应同时兼顾，不能只注重一个方面。

（2）园林建筑的可解性及可索性与建筑的形态、空间、序列、风格特征及设计意图有直接关系，在设计中应综合考虑。

（3）园林建筑的可解性与可索性应和周边环境的整体协调。

✎ 课堂案例

早在明代，计成在《园冶》中就提到，在造园时要重视建筑与景观的关系。他在《园说》一篇中写道："凡结林园，无分村郭，地偏为胜，开林择剪蓬蒿；景到随机，在涧共修兰芷。径缘三益，业拟千秋，围墙隐约于萝间，架屋蜿蜒于木末。山楼凭远，纵目皆然；竹坞寻幽，醉心既是。轩楹高爽，窗户虚邻；纳千顷之汪洋，收四时之烂漫。"

说一说，此案例中提到了哪种园林建筑的设计原则？

这其实体现了古代造园家处理建筑与景观之间关系的智慧，无论是选址，还是建造厅堂、组织空间序列，都时时关注建筑自身与自然景观的关系。在选址时尽量选择具有自然胜迹的地方，在整理场地时则需要依照自然的形式自由灵活地进行修建与布局。只有处处以景观为核心并优先考虑景观的影响，才能使最终营造出的园林达到"纳千顷之汪洋，收四时之烂漫"的境界。这些被优先纳入设计范畴的景观可能是紫气青霞，可能是远峰萧寺，也可能是斜飞蝶雉，甚至于白苹红蓼，它们与园林建筑共同增加了景观的层次与丰富度，营造了多样化的优美空间，实现了"景观"与"观景"的完美融合。

🍎 三、园林建筑与环境

环境要素是园林景观构成的物质基础。园林景观中的环境要素主要包含自然环境要素和人工环境要素。自然环境要素指园林中天然的物质，包括地形地势、植物、动物等，其是环境要素中的主导方面，决定景观特征。园林中的山水、花草树木、鸟兽虫鱼是构成园林的基本材料，是园林观赏的基本对象。人工环境要素指园林建筑和有关

chapter 01
chapter 02
chapter 03
chapter 04
chapter 05
chapter 06
chapter 07

建筑的处理,包括建筑物、路径、墙垣、棚架、空间等。景观中的这一要素在园林中提供了实用价值,如游览休息、赏景活动、遮阳避雨、饮食起居等。园林创作中自然环境要素与人工环境要素是相辅相成的,二者有机结合在一起。

> ◀》 **小提示**
>
> 建筑规划选址除考虑功能要求外,还要善于利用地形,结合自然环境,使建筑与山石、水体和植物互相配合、互相渗透。园林建筑应借助地形、环境的特点,与自然融为一体,建筑位置和朝向要与周围景物构成巧妙的借景和对景。

(一)园林建筑与周边的地形空间

地形地势是园林景观要素的基础,地表塑造是创造园林景观地域特征的基本手段。地形地势决定景观的基本轮廓,是园林的骨架。其上恰当点缀园林建筑,植以园林植物,组成完美的园林空间。园林建筑以地形为基底,从而使建筑不拘泥于自身的造型,成为环境中不可分割的一部分。

我国传统的自然山水园往往模拟自然,在没有自然山水的地方挖湖堆山,改造环境,使园林具备山林、湖沼、平原等多种地形地貌。园林建筑依山而修,傍水而建,丰富了建筑的立面效果,也完善了建筑的功能。

中国园林建筑中各种形式墙面的处理也是取得与环境协调统一效果的重要因素。墙的形式很多,处理手法灵活多样,墙在建筑之间穿插、引连、叠落,成为建筑与自然环境结合、过渡的重要手段。例如,网师园中部水池的东岸是一片居住建筑的高墙,如何处理这一大片呆板、平整的实墙与园林自然景观的关系,是一大难题。在这里,设计者采取了以白粉墙充当背景衬托自然景物的手法,在白墙前面除了以空廊、空亭作为建筑处理外,还叠以假山,植以藤萝,点缀小石拱桥,远远望去,自然景物的造型十分突出,宛如在白纸上绘出的山水画一般。

苏州拙政园西部共有八座单体建筑:一座厅堂(三十六鸳鸯馆)、三座楼阁、四座亭子。由于它们的功能不同,所处环境条件不同,所以分别采取了不同的平面形状和立面造型。厅堂为临水的主体建筑,采用鸳鸯厅的形式,平面四角还各建有一间耳室,体态更加丰富;倒影楼临水,两层,方形,歇山顶,其倒影映于清澈的水面,使造型更加生动、醒目;浮翠阁建于土山的最高处,两层,八角形,攒尖顶,使形体更觉挺拔;留听阁则是一座临水的水阁,有宽敞的贴水平台作为过渡;宜两亭、塔影亭、笠亭各为六角、八角及圆形;而"与谁同坐轩"则是一座扇面形的敞轩。它们各具特色,既与所在的环境相协调,又与园林的整体环境相统一。

(二)园林建筑与山体

园林由山、水、建筑、植物四大要素所构成,园林建筑与山体的结合(见表2-3)可体现园林的自然性、艺术性与功能性。

★ 微视频

留听阁

表2-3 园林建筑与山体相结合

建筑位置	作　用	设计要点	举　例
山顶	(1)在风景区中，山顶常成为游赏景色的高潮点，山顶设置建筑可以丰富山峰的立体轮廓，使山更有生气 (2)山顶建筑还起到控制风景线、控制园林空间的作用 (3)在城市园林中假山上建亭，一般起着丰富园林空间构图的作用，它们与周围的建筑物形成交叉呼应的观赏线 (4)在高山绝顶处常建有寺观，可丰富自然景区的人文景观	(1)山顶建筑以亭、塔等集中向上的建筑形象居多，可与山形相协调 (2)在城市园林中山顶建筑体量一般不宜过大，且应与山体的动态、环境相结合	如避暑山庄的北枕双峰、锤峰落照、四面云山、古俱亭这四座亭子，不仅控制了山区景域的范围，还联系了平原区和山区、山区与外八庙，成为景观上互补互借的景点
山脊	位于山脊上的建筑物，可用于观赏山脊两面的景色，因此山脊也是园林建筑经常选取的地址	建于山脊的突出部位，应观赏到三面景色，有良好的得景条件	
山腰	在规模较大的自然风景区中，山腰地带常是园林建筑选取的地址。其地域大，可选择性大，正面的视野也很开阔，因此许多寺观常选取山腰小气候条件好、自然景观好又有水源的地方兴建	建筑可随山势的陡、缓前低后高、旁低中高，分段叠落，参差布置，常能取得极为生动的景观效果	
峭壁	建筑形象与陡立的峭壁相结合，给人以惊奇、玄妙的感受	临近峭壁的建筑一般以"险"作为设计的主题	承德双塔山，30多米高的双塔山峰绝壁之上各建有一座塔式建筑，令人叹为观止

　　园林建筑与山体结合，因势利导，常采用一些巧妙的设计手法，主要有台、跌、吊、挑等（见表2-4）。

表2-4 园林建筑与山体结合的设计手法

设计手法	设　计　要　点
台	(1) 为结合山体地形,巧妙地采用一些人为手法,如"挖""填"相结合,以最小的土方工程量取得较大的平整地坪 (2) 在山腰台地处,常做成叠落平台的形式,建筑与院落分列于平台之上,建筑顺山势起伏而跌落变化,使景观效果自然、生动
跌	(1) 设计较小的台,并使其层层跌落。这种形式多用于建筑纵向垂直于等高线布置的情况 (2) 建筑的地面层层下跌,建筑物的屋顶也随之层层下跌。这种形式的屋顶布置有强烈的节奏感,生动、醒目,此种形式最常见于跌落廊
吊	(1) 吊就是柱子支撑在高低起伏的山地上,以适应地形的变化 (2) 常见的是最外层的柱子比室内地坪低落一截,以支柱形式支撑楼面,这种建筑以采用吊脚楼形式居多
挑	(1) 利用挑枋、撑拱、斜撑等支承悬挑出来的挑楼、挑廊。它以"占天不占地"的方式扩大了上部空间 (2) 在吊柱头、斜撑等结构部位进行一些简练的装饰处理,构思精巧、手法干练,构件形体与装饰纹样有机地结合,达到简朴、雅致的效果

(三)园林建筑与水面

人有着喜水和赏水的本能需求,当接触到水时,就会感到轻松、愉悦,心情舒畅。水具有自然的特性,将其与建筑结合,能够使建筑更加具有生气。

🔒 **小技巧**

　　水能使建筑物、景物产生倒影;水具有可塑性,水体可以柔化建筑形态,产生美感;在建筑造型设计中,水可以创造、弥补景观,如将喷泉、瀑布依附于建筑四周,可产生动静结合的效果。

中国园林以自然山水园为上,其水面形式随园林的大小及地势的起伏,或开阔舒展,或萦回曲折。在水边设置园林建筑往往也是园林构图不可缺少的一部分(见表2-5)。

表2-5 园林建筑与水体结合的设计手法

设计手法	设　计　要　点	举　例
点	将建筑点缀于水中,或建置于水中孤立的小岛上。建筑成为水面上的"景",而要到建筑中去观景则要靠船摆渡。有的水中建筑或小岛离岸很近,可用桥来引渡。岛上的建筑大多贴近水边布置,以突出形象	
凸	建筑临岸布置,三面凸入水中,一面与岸相连,视域开阔,与水面结合更为紧密。许多临水的亭、榭都采用这种方式	

续表

设计手法	设 计 要 点	举 例
跨	跨越河道、溪涧上的建筑物,一般都兼有交通和游览的功能,使人置身濠涧上,俯察清流,具有很好的赏景条件,并能丰富自然景观。各种跨水的桥及水阁等都采用这种方式	
飘	为了使园林建筑与水面紧密结合,伸入水中的建筑基址一般不用粗石砌成实的驳岸,而采取下部架空的办法,使水漫入建筑底部,使建筑有漂浮于水面上的感觉,如各式挑水平台	
引	引就是将水引到建筑之中来。其方式很多,如杭州玉泉观鱼,水池在中,三面轩庭怀抱,水庭成为建筑内部空间的一部分。江南园林中惯用这种处理方式	

园林中的临水建筑常采用水榭、舫、小桥、水亭、水廊等,有波光倒影衬托,视野相对显得平远开阔,动态感较强,可产生层次丰富的画面效果。园林中的水有其独特的表现风格,可突出水的自然景观特征,以少量的水模拟自然界中的江、河、湖、海、溪、涧、潭、瀑、池等,以增加园林的自然情趣。

(四)园林建筑与植物

植物是大自然生态环境的主体,同时也是园林的主体,可用于创造自然美。可以植物季相塑造景观主题,如以花、灌木塑造"春花"主题,以大乔木塑造"夏荫"主题,以秋叶、秋果塑造"秋实"主题,以松枝挂霜塑造"冬霜"主题。生机勃勃的花草树木对于无生命的园林建筑环境来说是必要的,其可以创造出一个花木繁茂、充满生机、优雅秀美的园林环境(见表2-6)。

表2-6　园林建筑与植物的关系

园林建筑与植物的关系	说　明	实　例
园林植物与园林建筑组合,使构图更加完美	进行园林建筑设计时,在体形和空间上要考虑建筑与植物的综合构图关系,植物能起到补足和加强环境气韵的作用	
园林植物可增强建筑环境的生命力,软化建筑的线条	建筑、山石的造型线条比较硬、直,而花木的造型线条比较柔软、活泼;建筑、山石是静止的,而植物有风则动、无风则静;建筑、山石是永恒的、一成不变的,而植物是有生命的,它会随着季节的变化而呈现出不同的面貌	
园林植物和园林建筑共同创造意境	建筑与植物协调配合,可创造出独特、完美的意境,二者互为条件,缺一不可。如拙政园的荷风四面亭,亭前必有荷花才有意境;听雨轩外必有芭蕉才有神韵;网师园的竹外一枝轩,若无竹相配,轩则无趣	
植物作为建筑的陪衬和背景,为之增色	植物作为陪衬,使人工环境与自然环境更好地融合;作为背景,发生季相色彩的变化等。亭、廊、榭、楼、阁等园林建筑的内外空间,常利用植物来显示其与自然的联系。以绿化配合建筑时,不仅要注意其色彩与品种,更要注意其造型,注意树干、树枝的线条与建筑造型的搭配	

(五)园林建筑与园路布置

1.园林建筑与园路的关系

园林功能分区多是利用地形、建筑、植物、水体和道路来进行划分的。对于地形起伏不大、建筑比重小的现代园林绿地,用道路围合、分隔各景区则是其划分功能分区的主要方式。同时,借助道路面貌(线形、轮廓、图案等)的变化可以暗示空间性质、景观特点的转换以及活动形式的改变,从而起到组织空间的作用。园林建筑与园路的关系如表2-7所示。

表2-7 园林建筑与园路的关系

园林建筑与园路的关系	说　明
园路是联系各个景点、建筑物的纽带	园林中的各类园林建筑大多通过曲折迂回的园路来联系,使游人动静结合,通过园路观赏优美的建筑;在建筑小品周围、花间、水旁、树下、道路转折处等,可利用园路来联系,并将其扩展为广场,可结合材料、质地和图案的变化,为游人提供活动和休息的场所
园路是组成建筑环境的造景要素	园路与山、水、植物、建筑等共同组成的空间画面,构成园林艺术的统一体。如园路优美的曲线、多彩的铺装、精美的图案、强烈的光影效果,均可成景,有助于塑造园林空间,丰富游人的观赏趣味。同时,通过和其他造园要素的密切配合,可深化园林意境的创造。不仅可以"因景设路",而且能"因路得景",路景浑然一体
园路与建筑都有组织空间的作用	园路的走向对园林的通风、光照、环境保护有一定的影响,它与其他要素一样,具有多方面的实用功能和美学功能

2. 园路

（1）园路与建筑的连接。园林建筑一般面向园路且适当地远离园路。连接方法是将道路适当加宽或分出支路通向建筑入口。若建筑的人流量较大,则可使建筑离园路远一些,在建筑和园路之间形成一个集散广场,建筑与园路通过广场相连。

（2）园林与建筑的协调。在建筑的外部空间环境中,园路的铺装不仅能标示出园路的不同用途,而且还能对建筑的外部环境起到一定的装饰作用。铺装材料的变换是游人辨认和区别休息、运动、娱乐、集散区域的标志。路面铺装的质地、色彩、图案都要与周围的建筑物、环境相协调。

3 学习单元3　园林建筑设计风格

知识目标

（1）掌握中国古典园林建筑的设计风格;

（2）了解日式古典园林建筑设计风格和法国古典园林建筑设计风格;

（3）了解不同地域的园林建筑设计风格以及当代园林建筑设计新风格。

技能目标

（1）通过本单元的学习,能够掌握中国古典园林建筑的设计风格和国外古典园林建筑的设计风格之间的联系;

（2）促进园林建筑设计新视野的开发。

基础知识

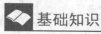

一、中国古典园林建筑设计风格

中国古典园林建筑具有顺畅别致的曲线。由于自然界的山水风景多呈柔和的曲线形,因而中国园林中的亭台楼阁也与之相呼应,除了梁柱构架必须保证垂直外,平面有时设计成六边形、八边形、圆形或扇形等,本应该以直线组成的路、桥、廊等也因地制宜,变成了曲径、曲桥、曲廊(见图2-20)等,建筑屋顶外形、檐口滴水、檐下挂落及梁架部件(见图2-21)也呈现出相互协调的曲线形式。这种由"直"至"曲"的改变,使建筑和周围的风景环境和谐统一。

图2-20 中国古典园林建筑中的曲廊

图2-21 中国古典园林建筑中的曲梁架

中国古典园林建筑还具有随宜多变的特点。为了适应山水地形高低曲折的结构,园林建筑布局也呈现出自然多变的特点,或在山巅,或在水际(见图2-22、图2-23)。连作为主要起居活动场所的厅堂,也从赏景目的出发,"按时景为精",灵活构思与布置。一些处于山水间的园林,其建筑更是依山势水流自然地布置,在不干扰自然景致的前提下,展现构思的巧妙。

图2-22 中国古典园林建筑与水的结合(一)

图2-23 中国古典园林建筑与水的结合(二)

🔊 小提示

　　中国古典园林建筑作为世界园林建筑中最独特而美妙的园林建筑,深刻地影响着欧洲的造园艺术。中国古典园林中的建筑讲求与自然景观融为一体,追求"虽由人作,宛自天开"的效果,这也是中国园林的独到之处。

中国古典园林建筑的随宜多变还体现在其不拘一格的型制上。例如,一般建筑的开间采用一、三、五、七等奇数,而在园林建筑中,非但有二、四的偶数间出现,根据需要还出现了一间半和两间半的型制。这种超越常规的型制样式体现了中国园林建筑处理自然地形条件时的慎重。

当然,中国古典园林建筑最重要的特点是建筑意境情景交融,由境生情,陶冶情操;以情铸境,苛求幻象。这既是园林艺术所应发挥的最终作用,也是中国古典艺术(包括绘画、书法等)所共同追求的最终目标(见图2-24)。

图2-24 中国山水画所表达的意境与中国园林建筑相通

二、日式古典园林建筑设计风格

日式古典园林建筑设计风格的特点是精致、自然,重视选材,具有鲜明的表现和象征意味。由于受到中国文化的影响,日式古典园林建筑风格和中国古典园林建筑风格有许多相同之处,其表现在以下几个方面。

(一)宁曲勿直,自然生态

尽量使用曲线,避免使用直线。建筑中的一些要素,如梁、柱等,尽量摒弃人工雕琢的痕迹,展现其材料本真的特点(见图2-25)。

图2-25 日本园林中自然材料的运用

(二)拟景

拟景(见图2-26)是通过园林中的石、沙模仿自然界的山、河、海等景观。从表面上看,它是自然景色的模仿和缩小,实际上它是在有限的园林空间里对人、自然、宇宙之间关系的重新构建,寄托了人类对理想景观的无限追求。

图 2-26　日本园林中的拟景

（三）借景

借景是中国古典园林建筑的常用手法，是使园林内外景观一体化的手段，其在日本园林中也被大量使用。借景是通过空间、视点的巧妙安排，借取园外景观，以衬托、扩大并丰富园内景致。

（四）表现情操

日本园林善于通过植被、石材等素材以及缩景、借景等手法表现情操，如巨大的石块象征主人的社会地位，竹子象征高洁的情操，松树象征长寿等。日本枯山水园林更是其中的杰出代表（见图 2-27）。

图 2-27　日本枯山水园林注重表现情操

三、法国古典园林建筑设计风格

法国古典园林的特点是强调人工几何形态，以轴线为园林的基本骨架，是典型的规则式园林。其布局、植被、道路和建筑都被控制在条理清晰、秩序严谨、等级分明的几何网格中，体现了人工化、理性化、秩序化的思想。其代表如凡尔赛宫（见图 2-28）。

★ 微视频

法国凡尔赛宫
后花园

图 2-28　法国古典园林的代表凡尔赛宫平面图

相应地,法国古典园林建筑造型严谨,普遍运用古典柱式,内部装饰丰富多彩。建筑在形状上富有变化,层次分明;突出轴线,强调对称;注重比例,讲究主从关系。

🔊 **小提示**

现代园林设计往往也运用这种规则式的设计方法,体现秩序性和结构美感。例如,纪念性广场为了体现庄严性和秩序性,经常采用对称布局及规则化处理的方法。

四、园林建筑的地域风格

不同的地域有各自的民族、宗教、文化及自然特点,由此反映在园林建筑的风格上,便形成了不同的地域风格。地域风格是当地历史文化的载体,具有鲜明的地方性,如伊斯兰风格、东南亚风格等(见图 2-29、图 2-30)。

★ 微视频
印度泰姬陵

图 2-29　伊斯兰园林建筑

图 2-30　东南亚园林建筑

chapter 01
chapter 02
chapter 03
chapter 04
chapter 05
chapter 06
chapter 07

💻 **知识链接**

世界园林有东方、西亚和欧洲三大体系。东方园林以中国为代表,影响日本、朝鲜及东南亚,主要布局为自然式;西亚园林以两河流域及波斯为代表,主要特色为花园与教堂;欧洲园林以意大利、法国、英国为代表,主要布局为规则式。学习外国园林及园林建筑艺术,了解外国古典园林的形成和发展,有助于掌握园林艺术的特征,取其精华,将国外先进手法更好地借鉴到中国园林的建设中。

五、当代园林建筑设计新风格

在当今环境危机的威胁下,人们越来越迫切地意识到,要从技术和文化上重新建立"自然"的概念,探求一种可持续发展的园林模式——一种可以使各种环境问题得以解决的园林形态,并由此展开对园林空间和建筑营造的积极研究。

在这种发展趋势下,园林建筑呈现出更为多样的面貌与形式,如乡土材料的运用、新技术的采用、新能源方式的运行等,这都给未来的园林建筑设计提出了新的挑战。

知识链接

园林建筑设计的发展趋势如下。

(1)设计的范围和内涵不断扩大。

(2)建筑材料多样化。

(3)设计风格地方化。

(4)追求设计的人性化。

(5)注重设计的可持续发展。

学习案例

大门楼,没有博大的主题思想,而应用了丰富的民俗文化语言。石板路、小布瓦、月洞门、天井院、马头墙,无不述说着楚地特有的基因、内涵与意蕴。建筑基地原有一片黑松林,经煞费心思地布盖,终是全部保留。为使建筑与树木有适宜尺度,缩小了入口处的过厅。为树木量身定度建筑,体现了建筑对自然的尊重。透过青山、碧水、白墙、青瓦,似乎找到了一种城市生活中没有的安适和恬静,一种现代人久违的家园感,这就是民俗建筑的魅力。

想一想

根据本案例中古典园林建筑的意境表达,拓展分析园林建筑设计的现状。

案例分析

在当代各种学科都在飞速发展的大背景下,建筑设计尤其是园林建筑设计,面临着严峻的考验。很多因素导致园林建筑设计容易出现以下问题。

(1)建筑中人工造景过多,喧宾夺主。

(2)建筑尺度不当或与周围景观不协调。

(3)同化现象严重,设计缺乏个性与特点。

(4)管理和维护不足,配套设施不完善,缺少对人们活动内容的支持。

(5)对儿童和残疾人等特殊人群的考虑不够,与园林建筑设计的无障碍化标准相距甚远。

知识拓展

中国传统园林建筑之哲学内涵

(摘自《解析中国传统园林建筑的审美特征》,周雯文等著,载于《华中建筑》2007年第12期)

《周易·系辞》中说:"上古穴居而野处,后世圣人易之以宫室,上栋下宇,以待风雨。"建筑由最初以避风雨的实用功能,发展到观乎外在形态的审美意识,经历了漫长的文脉历程。

建筑好似语言一样,记录了历史发展进程中人们世界观、历史观以及价值观的变化,在其实际功用的外表之下,是深厚的历史文化底蕴。中国建筑自两汉以来,饱受儒、道、佛诸家哲学思想的浸染,使之在文化层面上表达出诸多抽象的语义和深刻的哲理。

1. 人伦礼制

重人伦、轻功利是儒家思想的一个重要特点。儒学的创始人孔子用理性主义塑造了中华民族的基本性格和文化心理结构。它不单单为历史上历朝历代的统治阶级所信奉,成为安邦治国平天下的基本国策,而且被一般庶人奉为伦理道德的准则和规范。儒家文化讲究人际伦理规范,讲究规矩和礼制,有着森严的等级之分,这些在中国传统建筑中表现得淋漓尽致。姑且不论皇家园林中讲究尊卑秩序、主次分明,渗透着强烈伦理等级意义的天子宫城,即使在与人们的生活最为接近的民用住宅中,也多采用轴线对称和一正两厢的形式而形成方方正正的四合院。儒家的宗法制度决定了人们生活环境的封闭性和内向性。由此可见,建筑是人际关系的空间表现模式。

2. 天人合一

以老庄为代表的道家思想虽然与儒家思想立论不同,但可作为儒家思想有益的补充。老子学说,主要取法于水——"上善若水,水善利万物而不争,处众人之所恶,故几于道。"老子从水的"柔弱无争"之中悟出了刚强的道理,以自己对广袤自然的体验得出了"人法地,地法天,天法道,道法自然"这一万物本源之理。庄子进一步发扬了这一崇尚自然的哲学观,他追求虚静,向往一种原始自然的生活状态,认为人只有顺应自然发展的规律才能达到自己的目的。他主张大巧若拙,于有限中追求无限,以达到天人合一的自然境界。受道家思想影响最大的是中国古典园林。士大夫为了在喧嚣闹市中也有一方宁静自然的天地,多将房宅与园林结合,在自然的小我天地中实现大我的审美理想和人生境界。"虽由人作,宛自天开"则是古人造园的最高境界。明代著名造园家计成在《园冶》中谈道:"花间隐榭,水际安亭",道出了建筑美与自然美的关系。人本身就是大自然不可分割的一部分,出于对大自然的向往而创造出的建筑空间,使人们身心放松,重拾回归自然的欣喜,充满了浓厚的浪漫主义色彩。

3. 清净空幻

佛教最初由印度传入中国,受中国传统文化的影响,带有浓厚的民族色彩。它所宣扬的"因果报应""四大皆空"等教义和追求"清静无为""息心去欲"等境界,与道家思想不谋而合。随着佛教在中国的盛行并逐渐本土化,佛教建筑也成了中国传统建筑的一个重要组成部分。结合了中国特殊的自然观与文化特点的佛教建筑显得更加宁静、祥和与内向。

情境小结

明确地掌握园林建筑的设计理论,是进行园林建筑设计的首要条件。本学习情境主要讲述了园林建筑设计的构成要素、园林建筑设计的主要内容、园林建筑设计的依据、园林建筑设计的特点、园林建筑设计的风格、园林建筑设计的原则及影响园林建筑设计的主要因素。

chapter 01
chapter 02
chapter 03
chapter 04
chapter 05
chapter 06
chapter 07

学习检测

填空题

1. 园林中供人_____、_____、_____并构成景观的建筑物或构筑物统称为园林建筑设计的对象。

2. 设备设计主要包括_____、_____、_____、_____、_____、_____等方面的设计,由设备工程师配合建筑设计完成。

3. 建设地区的_____、_____、_____、_____、_____等是建筑设计的重要依据,对建筑设计有较大的影响。

4. 影响园林建筑设计的因素很多,在设计之前应全面分析调查研究,才能设计出实用美观的高水平的作品。这些影响因素主要包括_____、_____、_____与_____等。

5. 法国古典园林的特点是强调人工几何形态,以轴线为园林的基本骨架,是典型的_____。

选择题

1. 烈度在(   )以下时,地震对建筑物影响较小,一般可不考虑抗震措施。

A. 3 度   B. 5 度   C. 6 度   D. 9 度

2. 我国南方建筑风格体态轻盈,(   )。

A. 色彩鲜艳   B. 色彩清淡   C. 色彩热烈   D. 色彩淡雅

3. 一般建筑的开间采用一、三、五、七等奇数,而在园林建筑中,非但有二、四的偶数间出现,根据需要还出现了一间半和(   )的型制。

A. 两间半   B. 三间半   C. 四间半   D. 五间半

4. 日式古典园林建筑风格的特点是精致、自然,(   ),具有鲜明的表现和象征意味。

A. 注重寓意   B. 注重选材   C. 注重色彩   D. 注重大小

简答题

1. 简述园林建筑设计的特点。

2. 影响园林建筑设计的主要因素有哪些?

3. 对比分析中国古典园林建筑与日式古典园林建筑的区别与联系。

★ 测试题
选择题

★ 测试题
判断题

学习情境三

园林建筑设计的方法与技巧

情境引入

　　索桥(见图3-1)是传统文化与现代科技的珠联璧合,是集观赏性、参与性、互动性、知识性于一体的建筑。桥的整体造型是可以摇动的"高科技"结构的索桥,而楚汉风格的双阙,石材雕琢的细部,与水域、林木相宜的景观尺度,共同构成了一个既有文化韵味又有意境的景观对象。人们经过桥梁时,扶栏铁链发出的音乐般的响声使景观具有了听觉的特征。

图 3-1　索桥

案例导航

　　要掌握园林建筑设计的方法与技巧,要重点掌握的知识有:
　　(1)园林建筑空间的处理方法;
　　(2)园林建筑布局;
　　(3)园林建筑的尺度和比例;
　　(4)园林建筑的色彩与质感。

1　学习单元1　园林建筑空间的处理方法

知识目标

(1)了解园林建筑空间的类型；

(2)掌握园林建筑空间的布局手法及技巧。

技能目标

(1)通过本单元的学习，了解园林建筑空间的类型；

(2)能够掌握园林建筑空间的布局手法及技巧。

基础知识

人们的一切活动都是在一定的空间范围内进行的。其中，建筑空间给予人们的影响和感受最直接、最频繁、最重要。人们从事建筑活动，花力气最多、花钱最多的地方是建筑实体，而人们真正需要的是实体的反面，即实体所围起来的"空"的部分，就是所谓的建筑空间。中国古建筑特别重视对建筑空间的塑造，在这一点上，中国古典园林建筑尤为突出。

一、园林建筑空间的类型

一般来说，中国园林建筑空间的类型可以归纳为以下四种。

(一)聚合性的内向空间

我国传统的园林建筑，由于受到结构和材料的限制，在进深与开间上相应小些。建筑一般以层层院落形成布局。其空间以群体建筑走廊、围墙等围合起来的四合院居多，庭园内以假山石、植物、水体为多，形成了一个动中有静、静中有动的"可望、可行、可游、可居"的聚合空间。

小提示

随着社会的发展，园林越来越受到人们的关注和喜爱。园林建筑是园林的四个必不可少的要素之一。

无论是动物园、植物园、盆景园、儿童乐园，还是综合性的大型园林，都有一些聚合性的内向空间(见图3-2)。一般利用园林建筑围合空间，如廊、花架、园墙、栏杆，单独或组合营造出一个空间氛围，来满足不同年龄、爱好、职业、性别的游客的需要。

图 3-2　聚合性的内向空间

（二）开敞性的外向空间

在园林之中起点缀自然景观作用的建筑物，一般都是单体建筑的形式。它们灵活地布置在园林某些具有特征性的地域，与周围的自然环境完全融为一体。它们一般是四面开敞、通透的建筑形象，不论从建筑的哪一个角度，都可以观赏到不同的景色，真正做到了建筑美与自然美的融合。例如，临水建筑常以亭、榭、舫等三种形式伸入水中且使其台面紧贴水面，使游客在赏景之余获得清凉感及细察游鱼水草的亲切感，成为水面景观的重要点缀。例如，杭州西湖"平湖秋月"亭四面开敞，就是临水开敞性建筑空间的绝佳范例（见图 3-3）。

★ 微视频

平湖秋月

图 3-3　开敞性的外向空间

💻 **知识链接**

　　山顶设置亭、塔、树木等，游人可登高远眺，视野开阔，能饱览周围景色。山坡、山麓地段常以叠落的平台、游廊等联系位于不同标高的两组建筑物。这些建筑物一般也是开敞性的，顺着游廊或平台从上往下或从下往上，均可获得步移景异的效果，例如避暑山庄的金山建筑群都是建在山坡上的。

（三）自由布局的内外空间

自由布局的内外空间一般比较灵活，这种建筑空间是有闭有合的建筑物及虚实相间的建筑群体，兼具内向性空间和外向性空间的优点。例如，杭州西湖某处就是利用廊、亭、水榭等构成的既独立又开敞的空间（见图 3-4）。

图 3-4　自由布局的内外空间

（四）画卷式的连续空间

在中国园林建筑的空间组合方式中，可以按照一定的观赏路线将建筑物有序地排列起来，形成一种画卷式的连续空间（见图 3-5）。它是我国江南水乡的一些市镇中的建筑组合方式，一般常见于苏州。清乾隆年间修建的颐和园也在后湖仿造了江南水乡的"买卖街"，其长达 200 多米，采取"一河两街"的形式，两岸街市分设各式店铺。

图 3-5　画卷式的连续空间

> 🔒 **小技巧**
>
> 　　一般来说，园林建筑空间包括以上四种基本类型，只有将这四种形式有机地组合、灵活地搭配，才能构成多样的空间，才能增加园林建筑的层次与神秘感。

📖 二、园林建筑空间的内外联系与过渡

中国传统园林多是通过建筑、花木、山石、水体等物质元素的堆砌、叠加、变化来营构、浓缩自然山川景色，但由于用地大多局促，规模较小，要想在有限的空间创造层次丰富、空间深远、小中见大、虚实相间、园中有园的景观效果，则需要运用上文提到的各种造景手法和景观元素。在赏景与被赏的过程中，实现内外空间的联系与过渡是园林建筑设计的关键。而前文所述的造景手法主要通过门窗、墙体、洞口等各种景观元素的变化来实施，因此门窗、墙体、洞口等又是实现园林建筑空间内外联系与过渡的关键。

知识链接

　　中国传统园林是在有限的空间模拟自然山水,在虚实变化的基础上展现空间的多重复合,而这些复合空间、多重景色正是通过门洞、牖窗,特别是漏窗的使用来实现的。这些门洞、牖窗、漏窗是中国古典园林艺术的独特创造,也是古代园林艺术家们智慧结晶的集中体现。

★微视频

沧浪亭的漏窗

三、园林建筑空间的布局手法及技巧

　　在我国园林建筑设计中,总是把空间的塑造放在最重要的位置上,力求体现建筑物本身形体美的内在功能,建筑与周围环境的结合关系,以及建筑物之间的有机结合。只有将建筑空间、环境、人三者的关系处理得当,才能体现园林建筑的功能和特点。中国园林建筑对空间形式的处理手法是灵活多样的,主要有空间的对比、空间的"围"与"透"、空间的序列三种形式。

(一)空间的对比

　　空间是通过人的视觉感受到的,园林建筑空间也是以游人为中心,以阻挡游人视线的建筑实体为界面。所围合成的空间的对比体现在两个不同景区之间,两个不同类别而互相毗邻的空间之间,一个建筑群的主、次空间之间,以及同一个建筑个体的不同位置之间的对比。

　　中国园林建筑空间对比的主要内容有:空间的大小对比、空间的开合对比、空间的虚实对比、空间的形状对比、主次要空间的对比、空间的色彩对比、空间的层次对比、纵深空间与横向空间的对比等。

1. 空间的大小对比

　　在园林空间处理中经常运用"以小见大"的处理手法。一个"园中园"就可以体现出整个园林环境的氛围。在园林建筑空间设计中,可以是一桌一椅、一座小亭、一排栏杆、一堵低矮的围墙、一个敞轩。这些小的建筑物位于空间的边缘或中间,为游人创造了一个休憩、赏景的小型场所,使其在小空间内观赏大空间中动态变化的景物。在这种设计过程中,运用了空间的对比手法,即小空间与大空间对比、建筑空间与自然空间对比、建筑空间中的色彩与虚实对比等。同时,这种空间的对比手法也增加了景物与建筑的美感,令游客产生了无限的遐想。

小提示

　　空间上的"大中见小"也体现了园林中空间对比的作用。大空间和小空间之间既相互联系又相互制约,从大空间进入小空间,从空旷到狭小,从喧闹到静幽,以大空间反映小空间,给游客意想不到的惊喜。

2. 空间的开合对比

　　空间的开合变化(即空间的聚散对比)(见图3-6)也是园林空间对比的一种布局手法,如果处理得当,常能取得意想不到的戏剧效果。在园林中体现为"欲扬先抑"的布局手法,即要表现园林中的某一主题或某一景点,先在景点前方设置障景,给游人一种神秘感,然后在合适的空间把景点完全暴露在游客的面前。欲目睹大空间的美妙,要先感受小空间的压抑。中国的庭院式住宅,以及一些现代化的园林之中,经常采用这种手法布局,即在住宅或园林的入口正对面布置影壁、展览栏或雕塑等小型设施,让游客绕过这些障碍,层层深入,到达更佳的景点或景区。这些设施主要是为满足游客心理上的感受和情感的变化而设,能最大限度地发挥园林的功能。

图 3-6　空间的开合对比

3. 空间的虚实对比

建筑空间的虚实对比(见图 3-7),在中国园林中也运用较多。一般而言,对于一个单体建筑,门窗是"虚",墙体是"实";对于建筑及其周围景物而言,如果建筑空间被认为是"实",则建筑周围的环境及其所围合的空间是"虚"。一些半开半闭的建筑则构成了半虚半实的空间。此外,空间虚实的对比还表现在建筑物的质感、色彩等的变化。中国的园林建筑空间大多为半虚半实、有机组合的整体。

图 3-7　空间的虚实对比

4. 空间的形状对比

幽深空间与开阔空间也可以产生对比效果,若将这两种园林最基本的空间形态处理得当,则会有另一番效果,如颐和园山前景区的开阔与后湖景区的幽深形成了鲜明的对比。不同建筑类型在园林中采用不同的布局形式,这样在园林建筑的空间上可以产生丰富的对比。规整与不规整建筑物的融合、大型建筑与小品相匹配、游赏性建筑与服务性建筑的有机结合及建筑物与周围环境的有机统一等,都属于园林建筑空间的形状对比(见图 3-8)。

图 3-8　空间的形状对比

5. 主次要空间的对比

　　主次要空间对比也是园林建筑空间对比的一种手段。在中国园林之中,一般有主次景点、主次景区、主次园林空间之分。只要分清园林建筑空间的主次地位,然后在建筑的体量、尺寸、形体、色彩上加以渲染,即可形成一种主次建筑空间的对比效果。

🔊 小提示

　　园林建筑空间在大小、开合、虚实、形状、主次的对比手法上,如果能够灵活运用、互相结合,则会使建筑空间产生层次变化,富有节奏,从而符合园林建筑内在的实用功能和外在的造景需要。

(二)空间的"围"与"透"

　　园林建筑空间主要由建筑物围合或划分而成。园林建筑的功能表现在可围合、划分园林空间。在一些大而分散的景区,其空间可以通过园林建筑组织围合。没有"围",空间就没有明确的界限。但只有"围",没有"透",建筑空间就会变成一个孤立的封闭个体,而不能形成一个完整的建筑空间,进而影响园林建筑在园林中的作用和地位。园林建筑以娱乐、游赏、休憩为主,所以在园林建筑空间的处理上应以"透"为主,不能妨碍游客的游赏。

　　我国传统的单体园林建筑一般由台基、屋身和屋顶三大部分构成,其建筑空间是由地面、墙柱、屋顶围合而成的三维结构。在现代园林建筑构造中,可以用落地的玻璃门窗代替墙体部分,也可以用几根柱子支撑不太厚实的屋顶,形成一个完全"透"的空间,以便游客自由活动,随意观赏,不受内在因素的影响。例如,游廊可用栏支撑,还可采用回廊的形式,从而形成一个有"围"有"透"的建筑空间。

🔒 小技巧

　　在建筑空间中,围合与通透的处理是表达空间艺术的重要手段之一。围与透是相对的,围合程度越强,则通透性越弱。

　　对于建筑空间的"围"与"透",其布局手法可以有以下几种:建筑内部空间的"围"与"透"处理、建筑内部空间与外部空间之间的"围"与"透"处理、建筑外部空间的"围"与"透"处理。

chapter 01
chapter 02
chapter 03
chapter 04
chapter 05
chapter 06
chapter 07

1. 建筑内部空间的"围"与"透"处理

建筑内部空间的"围"与"透"主要是为了满足建筑内部功能的需要。园林建筑内部空间是一个多面体(六面体以上)时,如果空间大又平淡无奇,则可以适当地做一些划分处理,把其空间划分成多个小空间。古代常用屏门、隔断、落地罩等分隔建筑空间,现代常用彩色木板、有色玻璃、塑胶等现代化建筑材料划分,以增加建筑空间的层次感、深远感,如天津水上公园某廊柱间的"围"与"透"处理(见图3-9)。

图3-9 天津水上公园某廊柱间的"围"与"透"处理

2. 建筑内部空间与外部空间之间的"围"与"透"处理

建筑内部空间与外部空间之间的"围"与"透"处理主要考虑以下3个因素:建筑的朝向、建筑的使用性质、周围景观的特征。建筑内、外部空间的"围"与"透"处理主要表现为各种"实"与"虚"的建筑构件的运用,其具体处理方法是非常灵活的。一般来说,"围"的空间处理常用实体分割,而"透"的空间处理常用一些"虚"的景物划分(如墙体既可以是"实"墙体,也可以是开有门洞、花窗的"虚"墙体),从而达到"围"中有"透"的造景效果,如香山公园内某水庭院的建筑"围"与"透"的处理(见图3-10)。

图3-10 香山公园内某水庭院的建筑"围"与"透"的处理

3. 建筑外部空间的"围"与"透"处理

园林建筑外部空间是由建筑物、游廊、假石、树木、花架等垂直面与地面、水面等水平面共同围合而成的,这种空间具有大小、形状、高低、色彩、气氛等不同特征。随着视点的变化,建筑外部空间的节奏韵律也发生改变。

建筑外部空间的"围"与"透"(见图3-11)的处理手段很多,包括使用建筑与自然的各种因素。例如,高大的实墙运用的是围隔手段,而在墙体上开一些景窗、门洞,则形成了"围"中有"透"的艺术效果,这样就可以把墙及其外部空间联系起来。

图3-11 外部空间的"围"与"透"

🔒 **小技巧**

中国园林中利用建筑物来分隔空间是十分自由灵活的,因景而异。如果"围"与"透"的关系处理得当,则整个园林空间会显得自然活泼、生动有趣。

(三)空间的序列

一首优美的乐曲之所以使人愉悦,是因为其节奏上的变化有快有慢、有强有弱、有张有弛,使得其有韵律感和美感。在园林中,如果能巧妙地组织园林空间,将会创造妙不可言的境界,满足游客的精神生活需要。

1. 空间序列的概念

空间序列是指空间环境的先后活动的顺序关系。空间的形状因其性质的差异(宗教性、娱乐性的空间分别有规整式和自然式的区别)而有所不同,不论是对称、规则的空间,还是不对称、不规则的空间,都可以将其有序地组合起来,形成一个完整的空间序列。

2. 空间序列的分类

一般来说,空间序列有上文所谈到的两种基本形式,即对称、规则式和不对称、不规则式。

(1)对称、规则的空间序列。

对称、规则的空间序列以一根主要的轴线贯穿,有序景、发展、高潮和结景四个部分,建筑群体均匀分布在轴线的两侧,如此层层相套地向纵深发展,高潮在轴线的后部。例如,北京故宫的总体布局就是典型的规则空间序列。这种序列观赏路线沿中轴延伸,给人庄严肃穆之感。再如,颐和园中排云殿到佛香阁的一组建筑群,错落有致,各个建筑高低不同,但有着共同的轴线,游人行走其间,能获得丰富的空间感受(见图3-12)。

★ 微视频

故宫

图 3-12　颐和园的空间序列

（2）不对称、不规则的空间序列。

不对称、不规则的空间序列，空间布局较自然，以迂回曲折见长。其轴线是一个循环的过程，在其空间中有若干重点空间，在这些重点空间中又有一个重点空间。这种形式在中国园林中大量存在。

✎ 课堂案例

北海公园的白塔山东北侧有一组建筑群，空间序列的组织为：先由山脚攀登至琼岛春阴，次抵见春亭，穿洞穴上楼为敞厅、六角小亭，再穿敞厅旁曲折洞穴至看画廊，可眺望北海西北角的五龙亭、小西天、天王庙，远处的钟鼓楼等许多秀丽景色，沿弧形陡峭的爬山廊再往上攀登，达交翠亭，空间序列到此结束。

说一说：此案例是哪种建筑空间类型，采用了哪些空间艺术手法？

这是一组沿山地高低布置的建筑群体空间，在艺术处理手法上，随地势高低采用了形状、方向、显隐、明暗、收放等多种对比处理手法，从而获得了丰富的空间变化和迷人的画面。其主题思想是赏景寻幽，功能是登山的通道，因此不需要有特别集中的艺术高潮，主要依靠别具匠心的各种空间序列的安排及各空间序列之间有机和谐的联系而产生美感。

---

2 学习单元2　园林建筑布局

▤ 知识目标

（1）了解园林建筑布局的原则；

（2）掌握中国园林的布局特点；

（3）了解园林建筑布局的手法及技巧。

技能目标

（1）通过本单元的学习，能够掌握园林建筑布局的内容和方法；

（2）能够进行园林建筑布局方案的立意设计。

基础知识

园林建筑布局是指根据园林建筑的性质、规模、使用要求和所处环境地形地貌的特点进行构思。这样的构思在一定的空间范围内进行，不仅要考虑园林建筑本身，还要考虑建筑的外部环境，通过一定的物质手段进行，按照美的规律创造各种适合人们游赏的环境。

正确的布局来源于对建筑所在地段环境的全面认识，对建筑自身功能的把握，以及对建筑布局艺术手法的运用。

一、园林建筑布局的原则

（一）尊重总体布局

园林建筑的布局从属于整个园林环境的艺术构思，是园林整体布局的一个重要组成部分。由于人与建筑的关系极为密切，建筑空间就是游人活动、休息、赏景的空间，因此在规划布局时，要考虑到园林建筑应符合游人的心理、生理的需求，应符合人性化的要求。

（二）因地制宜

应借助地形、环境的特点，设计合宜的建筑，使其与自然融为一体。一个好的园林布局，应从客观实际出发，尊重实际地形，因地制宜，扬长避短，发挥地势优势，并要对地段和周围环境进行深入考察，顺自然之势，宜亭则亭，宜榭则榭，进行合理的建造。同时，一个好的园林布局，还必须突破自身在空间上的局限，充分利用周围环境的优美景色，因地借景，选择合适的观赏位置和观赏角度，并延伸和扩展欣赏视线和角度，使园内外景色融为一体。

知识链接

地形地势是园林景观要素的基础，是创造园林景观地域特征的基本手段。山、水、平地是园林建筑及环境的地形基础。利用园林原有的基址，因高堆山，就低挖湖，使园内具备山林、湖水、平地三种不同的地形。山林地势有曲有伸、有高有低、有隐有显，构成自然空间层次，可依山建楼、阁、塔、庙、亭等建筑；园林中的水自然流动，波光倒影，视线平远开阔，可临水设榭、舫、桥、亭等建筑。

苏州拙政园（见图3-13）因地制宜，以水见长。拙政园利用园地多积水的优势，疏浚为池，望若湖泊，形成独特的个性。拙政园中部现有水面近0.4 hm^2，约占全园面积的1/3，"凡诸亭槛台榭，皆因水面为势"，用大面积水面制造了园林空间的开朗气氛，基本上保持了明代"池广林茂"的特点。整个园林建筑仿佛浮于水面，加上木映花承，在不同境界中产生不同的艺术情趣，如夏日蕉廊，冬日梅影雪月，春日繁花丽日，秋日红蓼芦塘,四时宜人,创造出处处有情、面面生诗、含蓄曲折、余味无尽的意境。

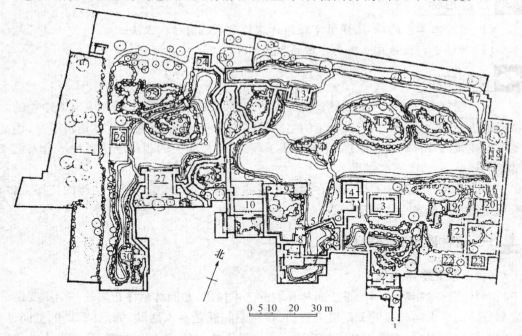

图 3-13 苏州拙政园

1—园门;2—腰门;3—远香堂;4—倚玉轩;5—小飞虹;6—松风亭;7—小沧浪;8—得真亭;9—香洲;10—玉兰堂;
11—别有洞天;12—柳荫曲路;13—见山楼;14—荷风四面亭;15—雪香云蔚亭;16—北山亭;17—绿漪亭;
18—梧竹幽居;19—秀绮亭;20—海棠春坞;21—玲珑馆;22—嘉宝亭;23—听雨轩;24—倒影楼;25—浮翠阁;
26—留听阁;27—三十六鸳鸯馆;28—与谁同坐轩;29—宜两亭;30—塔影亭

 小技巧

多个建筑组织在一起形成的建筑群,在布局与设计上应考虑建筑单体本身以及建筑与建筑之间的各种关系。

二、中国园林的布局特点

中国园林有各种类型,它们性质不同、大小不同、地理环境不同,因此在布局上也相差很大。但由于中国园林都是以自然风景为创作依据的风景式园林,所以在园林布局上也有着一些共同的特点。其主要可概括为:师法自然,创造意境;巧于因借,精在体宜;划分景区,园中有园。

(一)师法自然,创造意境

中国的园林是文人、画家、造园匠师们带着对自然山水美的渴望和追求,在一定的空间范围内创造出来的。他们经过长期的观察和实践,在大自然中发现了美,发现了山水美的形象特征和内在精神,掌握了构成山水美的组合规律。他们把这种对自然山水美的认识带到了园林艺术的创作之中,把对自然山水美的感受引导到了现实生活中。这种融汇了客观的景与主观的情、自然的山水与现实的生活的艺术境界,一直是中国园林追求的目标。

为了追求这样的艺术境界,首先要选择一个具有比较理想的自然山水地貌的地段,以此作为造园的基础,把地段内自然的山、水、古树以及周围环境、借景条件作为首要的因素加以考虑;其次,在自然山水地貌的基础上加以整治改造,在总体布局、空间组织、园林素材的造型等方面进一步贯彻和体现创作者的意图。

🔊 **小提示**

> 风景名胜园林与风景区的寺观园林都选择建于自然山水优美的环境之中,在布局上主要是依据环境的特点选择好风景点的位置,使各风景点与周围环境一起构成有特色、有性格的艺术境界,各风景点的串联和结合构成了园林整体的艺术格调。

皇家园林是面积很大的自然山水园林,其一般都具有真山真水的原始地貌。由于宫廷生活及游赏的需要,皇家园林中建筑物的数量较多。它的布局从我国的风景名胜园林与私家园林两方面都得到启发,其许多著名景点就是模仿私家园林和风景名胜。

私家园林与上述的园林情况差别较大,它一般是在城市的平原地带造园,并与大片的居住建筑相结合,成为居住空间的进一步延伸和扩大,园林的范围比较小。因此,在这样的条件下造园,如何使园林百看不厌,虽小而不觉其小,实现"师法自然,创造意境"的要求,实在是园林布局上的一大难题。要解决这个难题,必须在以下三个方面实现"突破"。

1. 以小见大

为了突破园林空间范围较小的局限,实现小中见大的空间效果,主要采取了下列手法。

(1)利用空间大小的对比,烘托、映衬主要空间。江南的私家园林一般均把居住建筑贴边界布置,而把中间的主要部位让出来布置园林山水,形成主要空间,在这个主要空间的外围布置若干次要空间及局部小空间,各个空间留有与大空间连通的出入口。运用先抑后扬的反衬手法及视线变换的游览路线把各个空间联系起来,这样既使空间各具特色,又主次分明。在空间的对比中,小空间烘托、映衬了主要空间,大空间更显其大。

例如,苏州网师园的中部园林,从题有"网师小筑"的园门进入网师园内的第一个空间,就是由小山丛桂轩等三个建筑物以及院墙所围绕的狭窄而封闭的庭院,庭院中点缀着山石树木,形成了幽深静谧的气氛。从这个庭院的西面,顺着曲廊北绕过濯缨水阁之后,突然闪现水光荡漾,水涯岩边亭榭廊阁参差间出的景象。也正由于有前一个狭窄空间的衬托,才使这个仅约 30 m × 30 m 的山池区(见图3-14)显得较实际面积辽阔开朗。

★ 微视频

苏州网师园

图 3-14　网师园山池区

（2）注意选择合宜的建筑尺度，制造空间距离的错觉。在江南园林中，建筑在庭园中占的比重较大，因此，园林设计中很注意建筑的尺度处理。在较小的空间范围内，一般取亲切近人的小尺度，体量较小。有时还利用人们观赏物体"近大远小"的视觉习惯，有意识地压缩一些位于山顶上的小建筑的尺度，而制造空间距离较实际状况略大的错觉。例如，苏州怡园假山顶上的螺髻亭，体量很小，柱高仅 2.3 m，柱距仅 1 m。网师园水池东南角上的小石拱桥，微露水面之上，从池北南望，流水悠悠远去，似有水面深远不尽之意。

（3）增加景物的景深和层次，增强空间的深远感。在江南园林中，创造景深多利用水面的长方向，往往在水流的两面布置山石林木或建筑，形成两侧夹持的形式，借助于水面闪烁不定、虚无缥缈、远近难测的特性，从水流两端对望，无形中增强了空间的深远感。

同时，若园林中景物的层次少，一览无余，则即使是大的空间也会感觉变小；相反，如果层次多，景藏于其中，则容易使空间感觉深远。因此，在较小的范围内造园，为了扩大空间的感受，在景物的组织上，一方面运用对比的手法创造最大的景深，另一方面运用掩映的手法增加景物的层次。

以拙政园中部园林为例，由梧竹幽居亭（见图 3-15）沿着水的长方向西望，不仅可以获得最大的景深，而且大约可以看到三个景物的空间层次：第一个空间层次结束于隔水相望的荷风四面亭，其南部为临水的远香堂和南轩，北部为水中的两个小岛，分别为雪香云蔚亭与待霜亭；通过荷风四面亭两侧的堤、桥，可以看到结束于"别有洞天"半亭的第二个空间层次；而拙政园西园的宜两亭及园林外部的北寺塔，高出游廊的上部，形成最远的第三个空间层次。其一层远似一层，空间感比实际上的距离深远得多。

图 3-15　拙政园梧竹幽居亭

（4）运用空间回环相通、道路曲折变幻的手法，使空间与景色渐次展开，连续不断，周而复始，景色多而空间丰富，类似于观赏中国画的山水长卷，有一气呵成之妙，而无一览无余之弊。路径的迂回曲折更可以增加路程的长度，延长游赏的时间，使人从心理上扩大空间感。

（5）借外景扩大空间。园外的景色被借到园内，人的视线从园林的范围内延展出去，从而起到扩大空间的作用。例如，无锡寄畅园借惠山及锡山之景扩大空间。

（6）通过意境的联想扩大空间。苏州环秀山庄的叠石（见图3-16）是举世公认的好手笔，它把自然山川之美概括、提炼后，浓缩到一亩多地的有限范围之内，创造了峰峦、峭壁、山涧、峡谷、危径、山洞、飞泉、幽溪等一系列精彩的艺术境界，通过"寓意于景"，使人产生"触景生情"的联想。这种联想的思路飞越高高围墙的边界，把人的情思带到了浩瀚的大自然中，这样的意境空间是无限的。这种传神的"写意"手法的运用，正是中国园林布局上高明的地方。

★ 微视频

环秀山庄

图3-16 苏州环秀山庄的叠石

▌▌ 2. 突破边界

突破园林边界规则、方整的生硬感觉，寻求自然的意趣。

（1）以"之"字形游廊贴外墙布置，打破高大围墙的闭塞感。曲廊或随山势蜿蜒上下，或跨水曲折延伸，廊与墙交界处有时留出一些不规则的小空间点缀山石树木，顺廊行进，角度不断变化，即使实墙近在身边也感觉不到它的平板、生硬。廊墙上有时还镶嵌名家的"诗条石"，以吸引人们的注意力。从远处看，平直的"实"墙为曲折的"虚"廊及山石、花木所掩映，以廊代墙，以虚代实，产生了空灵感。

（2）以山石与绿化作为高墙的掩映，也是常用的手法。在白粉墙下布置山石、花木，在光影的作用下，人的注意力几乎完全被吸引到这些物体的形象上去，而"实"的白粉墙就变为"虚"的背景，犹如画画时的白纸，墙的视觉界限的感受几乎消失了。这种感觉在较近的距离内尤其突出。

（3）以空廊、花墙与园外的景色相联系，把外部的景色引入园内。这种手法在外部环境优美时经常采用。苏州沧浪亭的复廊就是优秀的实例，人们在复廊穿行，内外都有景可观，意识不到园林的边界。

▌▌ 3. 咫尺山林

突破自然条件上缺乏真山真水的先天不足，以人造的自然体现出真山真水的意境。

　　江南的私家园林在城市平地的条件下造园,没有真山真水的自然条件,但仍顽强地通过人为的努力,塑造出具有真山真水情趣的园林艺术境界,在"咫尺山林"中再现大自然的美景。这种塑造是一种高度的艺术创作,因为它虽然是以自然风景为蓝本,但又不停留在单纯的抄袭和模仿上,它要求比自然风景更集中、更典型、更概括,这样才能做到"以少胜多"。同时,这样的创作是在掌握了自然山水之美的组合规律的基础上进行的,这样才能"循自然之理,得自然之趣"。如:"山有气脉,水有源流,路有出入""主峰最宜高耸,客山须是奔趋"(唐·王维《山水诀》);山要环抱,水要萦回,水随山转,山因水活,"溪水因山成曲折,山蹊随地作低平",这些都是从真山真水的启示中对自然山水美的规律的很好概括。

　　为了获得真山真水的意境,在园林的整体布局上还要特别注意抓住总的结构与气势。中国的山水画就讲究"得势为主",认为"山得势,虽萦纡高下,气脉仍是贯穿;林木得势,虽参差向背不同,而各自条畅;石得势,虽奇怪而不失理,既平常亦不为庸;山坡得势,虽交错而不繁乱"。这是"以其理然也""神理凑合"的结果。

　　园林布局中要有气势,不平淡,就要有轻重、高低、虚实、动静的对比。山石是重的、实的、静的,水、云雾是轻的、虚的、动的,把山与水结合起来,使山有一种奔走的气势,使水有漫延流动的神态,则水之轻、虚更能衬托出山石的坚实、凝重,水之动必更见山之静,从而达到气韵生动的景观效果。

(二)巧于因借,精在体宜

　　"巧于因借,精在体宜"是在明确了"师法自然,创造意境"的布局指导思想之后必须遵循的基本原则和基本方法。

 小技巧

　　"相地得宜"只是为园林的布局提供了必要的前提条件,做得好不好,还要看能不能充分运用好自然条件的特点。"巧于因借,精在体宜"是"构园得体"的结果。

　　寄畅园在选址、借景上都相当出色。其总体布局以山为重点,以水为中心,以山引水,以水衬山,山水紧密结合。园内的山丘是园外主山的余脉,是大整体中的小局部,经过人为的恰当加工与改造,劈山凿谷,以石包山,在真山中造假山,创造了层叠的岗岳、幽深的岩壑、清澈的涧流等变幻莫测的新景观。这样的假山,以真山为依据,又融合在真山之中。

★ 微视频

寄畅园

　　纵观寄畅园在缀石方面的特点,它不追求造型上的秀奇、向耸,而着力追求在天然山势中粗中有秀、犷中有幽,保持自然生态的基本情调;不追求个别用石的奇峰、怪石,而是精心安排好整体上的雄浑气势、高度上的起伏层次、平面上的开合变化,力求以简练、苍劲、自然的笔触描绘出"真、幽、雅"的意境。园内的土丘虽然不高、不奇,但它与园外的主山是连成一体的,陪衬了主山,呼应了主山,引渡了主山,因此给人以强烈的气势。这个气势是"强"的,因为它使你有置身于主山脚下的感受;这个气势是"活"的,因为山丘的蜿蜒走势和神韵是与主山连贯一致的,是形神兼备的。

　　寄畅园的水面与山大体平行,以聚为主,聚中有分,在池中部收缩成夹峙之势,形成水峡,把池面空间划分为"放—收—放"的几个大的层次,似隔非隔,水态连缩。一株高大的枫杨树斜探波面,老根蛇盘,姿态苍劲,显出水面的弥漫、深远。池的东北角有廊桥隔断水尾,使水面藏而不露,似断似续。七星桥斜卧波面,贴水而过,虽又将池水分出一个较小的水面,但整体连贯,增加了层次。临池以黄石叠砌成绝壁、石径、石矶、滩地,平面上有出有进,高低上有起有伏,生动自然。两个凹入的水湾深入山丘,以突出的石矶连以平桥,增加了水面的层次与情趣。再引名泉之水造成悬淙曲涧,以保留下来的千年古树制造清幽古朴之感,以突出山林野趣之长。

寄畅园内的主要观景点放在与山对应的水池东部的狭长地带,以知鱼槛为主要观景点,以低矮的折廊向池的南北两岸稍加延伸,面对水面和山林。建筑分散,但不散漫;空间豁达,富有层次,并与自然环境相融合。观赏路线的组织与全园山水风景主体和特色的基本构思紧密结合,或登山临水,或穿峡渡涧,或深幽曲折,或开阔明朗,形成多样的观赏角度和观赏效果。

寄畅园的布局,可以说正确地利用了原有山丘,"缀石而高"造成雄浑的山势;利用了低洼的地方,"搜土而下"造成水池;还利用了原有的参天古树,"合乔木参差山腰,蟠根嵌石,宛若画意";然后依附水面,构亭筑台,参差错落,"篆壑飞廊,想出意外"(见图3-17、图3-18),构成了出于自然而高于自然的艺术境界。

图 3-17　寄畅园郁盘亭廊

图 3-18　寄畅园清御廊

同时,一个好的园林布局还必须突破自身在空间上的局限,充分利用周围环境中的美好景色,因地借景,选择合宜的观赏位置与观赏角度,延伸与扩大视野的深度和广度,使园内园外的景色融汇一体。《园冶》上说的"巧于因借"的"借"字就是这个意思,即不但要巧于用"因",而且要巧于用"借"。寄畅园的主要观赏点如知鱼槛、涵碧亭、环翠楼、凌虚阁等,都散点式布置于池东及池北。向西望去,透过水池对岸整片的山林,惠山的秀姿隐现于后,近、中、远景一层远似一层,绵延起伏,园外有园,景外有景。在环翠楼、鹤步滩、秉礼堂等处举目东望,锡山上的龙光塔被借景入园,增加了园林的深度,突破了有限空间的局限。

江南园林布局中这种"巧于因借,精在体宜"的创作原则和方法,也被逐渐借鉴和运用到北方园林中。北京颐和园谐趣园的前身惠山园就是模仿寄畅园修建的。

乾隆"辛未(1751年)春巡,喜其幽致,携图以归。肖其意于万寿山之东麓,名曰惠山园"。(《钦定日下旧闻考》)惠山园位于清漪园万寿山的东部,北部有土丘与高出地面5 m左右的大块岩石,形似万寿山的余脉,这与寄畅园和惠山的关系相似。这里原是地势低洼的池潭,水位与后湖有将近 2 m 的自然落差,经穿山引水疏导可成夹谷与水瀑。借景上除西部的万寿山外,登高可览北部园外田野与远处群峰。东面不远就是与清漪园毗邻的圆明园,其也与寄畅园的借景条件相仿,环境幽静深邃,富于山林野趣。

根据上述的造园条件,利用惠山园地段北高南低,有巨块裸露岩石的条件,就势壁山削土,引水成石洞、水瀑,在南部低洼处挖土造池,形成一山一水、北实南虚的山水景园的基本态势。水池与山石的"接合部"是园林处理的一个重点,也是设计者最精心设计、经营的地方。设计者对地形进行了较大的改造,通过斩山、授土、叠石、引泉、培植山林,创造了幽深自然、变化多样的景观气氛。建筑的布局上,在岩石顶部建霁清轩,就势组成一组面向北坡的山石景园。庭院建于如斧劈削凿成的整块岩石上,坡度陡而神态粗犷峭拔,由于庭院被有意地压缩,因而其气势显得更大。霁清轩入口的垂花门与水池南岸的水乐亭以虚轴线的对位关系把它们在空间中的相对位置进一步明确起来。惠山园南部以水景为中心(见图 3-19),水面成曲尺形,水池的四个角都以跨水的廊、桥等分出水湾与水口,使水面有不尽之意。知鱼桥斜卧波面的意图与寄畅园相同。嘉庆年间惠山园被改造,在池北岸建起了庞大的涵远堂,破坏了惠山园初期山水紧密结合的构图,削弱了其原有的自然山水林泉的气势。

图 3-19　惠山园南部水景

(三)划分景区,园中有园

中国园林布局上的一个显著特点就是用划分景区的办法来获得丰富变化的效果,扩大园林的空间效果,适应人们多样的需求。

庭院是中国园林的最小单位。庭院的空间构成比较简单,一般用房、廊、墙等建筑环绕,在庭院内适当布置山石、花木作为点缀。庭院较小时,庭院的外部空间从属于建筑的内部空间,只是作为建筑内部空间的自然延伸和必要补充。庭院范围较大时,建筑成了庭院自然景观的一个构成因素,建筑附属于庭院整体空间,其布局和造型更多地受到自然环境的约束和影响,这样的庭院空间被称为小园。当园林的范围再进一步扩大时,一个独立的小园已不能满足园林造景上的需要,此时,在园林的布局与空间的构成上就产生了许多变化,出现了很多平面与空间构图的方式。这种构图方式中最基本的一点,就是把园林空间划分为若干大小不同、形状不同、风格各异、风景主题与特色各异的小园,并运用对比、衬托、借景、对景等设计手法,把这些小园在园林总的空间范围内很好地搭配、组合起来,形成主次分明又曲折有致的环境,使园林景观小中见大、以少胜多,在有限空间内获得丰富的景色。这种把一个较大的园林划分成几个风格、特点各不相同的小园的办法,就是划分景区。

我国江南的一些私家园林,由于面积有限,一般以处于中部的山池区域作为园林的主要景区,再在其周围布置若干次要的景区,形成主次分明、曲折与开朗相结合的空间布局。园内的主要景区多以写意手法创作山水景观,建筑点缀其间,如无锡的寄畅园、南京的瞻园、苏州的拙政园等。有时,主要景区着重突出某一方面的特点,以形成其特色:有的以山石取胜,如苏州环秀山庄的湖石假山、扬州个园的四季假山、上海豫园的黄石大假山、常熟燕园的黄石与湖石两座假山等;也有的以水见长,如苏州的网师园、广东顺德的清晖园等;无锡的梅园及新中国成立后新建的广州兰圃花园则以植物作为造园的主题,也很有特色。在较小的景区中一般有多样的题材:有以花、木为主的,如牡丹、荷花、玉兰、梅花、竹丛等;有以水景为主的,如水庭、水阁、水廊等;有以石峰为主的,如揖峰轩、拜石轩等;也有混合式的。总之,园林景观一方面要主题突出,形成特色,另一方面又要多种多样,要将两者统一起来。

北方离宫型皇家园林的规模比私家园林要大得多,一般都是利用优美的自然山水改造、兴建的。多种多样的地形条件有利于创造多种多样的园林景观,这样就发展成为一种新的规划方法——建筑群、风景点、小园与景区相结合的规划方法。建筑群采取北方的院落形式,一般都具有特定的使用功能。风景点就是散置的或成组的建筑物与叠山理水或自然地貌相结合而构成的一个具有开阔景界或一定视野范围的环境。它既是观景的地方,也具有"点景"的作用,是园林的要素之一。所谓小园,就是一组建筑群与叠山理水或自然地貌所形成的幽闭的或者较幽闭的局部空间相结合,构成一个相对独立的环境。无论设置垣墙与否,它都可以成为一座独立的小型园林,即所谓"园中之园"。景区是按景观特点而划分的较大的单一空间或区域,它往往包括若干风景点、小园或建筑群。由许多建筑群、风景点、小园再结合若干景区而组成的大型园林,既有按景分区的开阔的大空间,也包含一系列不同形式、不同意趣、有开有合的局部小空间。北方清代兴建的一些离宫型皇家园林的总体规划一般都采取这种方式进行布局,只是由于园林自然条件上的差别和使用要求上的不同而表现出不同的特点。例如,避暑山庄根据有群山,有河流、泉水及平原的特点而把全园分为湖泊、平原和山岳三个不同的景区;颐和园则依万寿山和昆明湖的山水条件,把园林分为开阔的前山和幽深的后山两大景区;圆明园由于基本是平地造园,因此以水面为中心进行组景,而依水面大小与水形处理的不同形成不同的特色(如福海景区与后湖景区之不同)。

中国园林的布局注意景区的划分,同时也很注意各景区之间的联系与过渡,使各景区都成为园林整体空间中的有机组成部分,就像是一首乐曲的几部互相联系的乐章。例如,避暑山庄在山区与湖区、平原区相连的山峰上分别建有几座亭子,并在进入山区的峪口地带重点布置了几组园林建筑。它们既点缀了风景,又起了引导作用,把山区与湖区、平原区联系起来。在颐和园,前山景区与后山景区之间陆路交通联系的交界部位,分别建有"赤城霞起"与"宿云檐"两座城关,作为联系与过渡的标志物;在前湖通向后湖的交界部位,布置了石舫作为引导,以长岛分划的曲折河汊作为水面收缩的过渡。在小型园林中,不同景区的分划与过渡一般以小尺度的山石、绿化或垣墙、洞门等进行处理。

园林建筑的布局是从属于整个园林的艺术构思的,是园林整体布局中一个重要的组成部分。上面所谈到的中国园林布局的三个特点,也是园林建筑设计必须遵循的基本原则。

> **知识链接**
>
> 　　我国园林崇尚自然之美,追求一种渗透着人类情感的美的意境,而建筑总是服从整个风景环境的统一安排。由于人与建筑的关系最为密切,建筑空间就是一种人的空间,它体现人们的愿望,反映人们在心理和生理上的需求,因此,在园林规划时不应忽视建筑的布局。中国的园林虽同属自然风景式园林,但由于特点不同、大小不同,园林建筑在性质和内容上相差很大,因此,建筑物布局的方式也表现出很大差异。

三、园林建筑布局的手法及技巧

　　园林建筑在中国园林中所占比重较大,它不仅可以组织、划分空间,而且可以点缀园林景观,供游人就座休憩、尽情赏景。园林建筑布局是园林整体布局的一个重要的组成部分。布局是园林建筑设计方法和技巧的中心问题。巧妙的立意、合适的基址选择,加上生动有序的布局,才能创造出好的建筑空间氛围。园林建筑布局虽然类型多样,但其布局手法大体上有以下几种。

(一)主与从

　　有主有从是艺术创作的一般规律,主从分明,有中心、有重点也是园林创造必须遵循的法则。从大范围风景区到小型园林,都有其各自的中心,也就是通常意义上的主题。园林规划的目的是通过一定的艺术手法,以次要的景物为衬托,突出主景、主题,并且主从之间要做到互相呼应、相得益彰。

　　中国园林的基本特点之一就是山水是主,建筑是从。建筑的布局是结合环境,因势就筑。一般来说,园林建筑的主从布局大致有以下三种方式。

1. 建筑集中布置,与山水形成对比

　　中国园林的布局方式是:山—水—建筑。建筑一般背山面水,既突出了山水景观,又获得了良好的观赏条件。建筑集中布置,既使自然空间开放、明朗,又使建筑空间封闭、曲折,有疏有密,形成对比,符合实用功能与艺术观赏两方面的需要。例如,北京颐和园的布局(见图3-20)以自然山水为主体,把十几组建筑群与小园林布置于万寿山的前山阳坡地带,形成以排云殿—佛香阁为中心的建筑布局,其他较小的景点分别点缀在沿湖的堤岸及湖中的小岛上,形成主次分明、重点突出、景观鲜明的园林环境。

图3-20　北京颐和园的布局

2. 建筑分散布局,相对集中成为重点

地域范围较大的风景名胜园林和寺观园林,景观变化多样,自然界的天然韵律要求建筑采取分散布局方式,建筑因环境的不同而灵活布置。例如,四川峨眉山与青城山的道观园林建筑在布局上大的寺观联系若干小寺观和风景点,形成一个相对封闭的景区。大寺观一般在一个大的景域范围的适中部位建制,是进行主要宗教活动和供客人食宿的地方。而延伸出去的小寺观与小景点则布置在观赏风景的绝佳处,如山顶、岩腰、洞边、溪畔,形成各有特色的景观,供游人坐憩、观赏。游览山道将主要的寺观和景点联系起来,一里一亭,二里一站,五里有住宿,满足了功能与观赏两方面的需要。

3. 建筑物沿一定的观赏路线布置,在其尽端以主体建筑作为重点

例如,苏州虎丘(见图3-21)沿游览山道西侧建有拥翠山庄、台地小园路,路的尽端有一片开阔的岩石台地,北部有陡峭的峡谷、山涧、剑池,山坡上下依势建有石亭、粉墙及其他游赏性建筑物,山巅处耸立着八角七级的云岩寺塔(及虎丘塔)作为结束。云岩寺塔造型雄浑古朴,形象突出,控制了整个园林景域,很自然成为重点和高潮所在。

★ 微视频

苏州虎丘

图3-21 苏州虎丘建筑的布局

(二)"正"与"变"

"正"与"变"是园林建筑整体布局应遵循的基本原理,其是园林建筑布局统一与变化的一个重要方面。园林建筑布局和其他艺术作品的创作一样,必须从整体着眼,抓住局部,组合成一个有机的整体。当然,这种组合是有"章法"可循的。所谓"章法",对于园林建筑布局来说,就是有"正"有"变",即在统一中求变化,在变化中求统一。

1. "正"与"变"的含义

什么是园林建筑布局的"正"与"变"呢?"正"就是以轴线为主组织建筑群体;"变"就是因地制宜,灵活地布置建筑。"正"与"变"的布局不仅满足了园林建筑功能上的需要(组织空间),而且满足了艺术构图的需要,因此是功能与技术的完美结合。

2. "正"与"变"在不同性质园林中的体现

(1)皇家园林。

宫廷区是"正",园苑区是"变",而对于园苑区内部,主要建筑群体是"正",其余是"变"。这样"正"与"变"的有机结合,使整个皇家园林显得规整而内涵丰富,有秩序。例如,北京故宫(见图3-22)的"办公区"以"正"为主,而"生活区"以"变"为主。

图3-22　北京故宫

(2)私家园林。

一般私家园林(见图3-23)的居住部分是层层院落的形式,以轴线为中心,居住部分是"正",园林部分是"变",主体是自然的山水格局。在园林内部,主要的建筑是"正",而其他建筑由于布置灵活,属于"变"。

图3-23　私家园林

由此可见,"正"与"变"是园林建筑布局不可缺少的设计手法,是"局部"与"全局"的关系。统一中求变化,变化中有秩序,灵活地布置,就会收到意想不到的景观效果。

(三)静与动

■■ 1. 静是息,静是点

静观的点(见图3-24)是指动态欣赏过程中的暂时停顿,如坐石观水、倚栏远眺、亭中小憩、山巅休息等。在园林创作中,对那些精心设计的精巧景致,造园家往往会做一些让人静观的暗示。人们游赏园林时,在水池边或假山旁,凡筑有亭子、小轩之处,均应留意,此处多有精细含蓄的风景可赏。

图3-24　静观的点

2. 动是游,动是线

动观的线(见图 3-25)有速度快慢之分。游园的动观,是指游赏者随兴地缓步游览,也可以说是"闲庭信步"式的动。

图 3-25　动观的线

 小技巧

要全面领略园林的美,就要一步一步,沿着曲径、曲桥、曲廊等建筑物,游遍园林中的各个角落,所以动观是游园赏景的主要途径。

3. 动静结合

在园林中的游览活动应当是动静结合的。我国园林艺术十分强调意境,无论是大型的山水园林,还是宅旁屋后的私家小园,都是走走停停、动静结合的观赏,只不过各有侧重罢了。这种行止随意、动静交替的游赏方式,本身也形成了游园过程中的快慢节奏,增添了游览者赏景的情趣。园林是充满活泼生气的艺术,其景色也动静多变。动与静的游赏方式还常常和园中各种景物的动静状态互相交融。

按照动静结合(见图 3-26)的方式,园林中的建筑可以分为动观的线和静观的点。一般园桥、曲廊、园路、花架、栏杆等建筑是动观的线,其他的游憩建筑(如亭、榭、舫等)是静观的点。

图 3-26　动静结合的建筑

(四)对景与借景

在园林中对景与借景的运用也很多,组织好对景与借景,可以丰富园林景观。

1. 对景

所谓对景,指位于园林绿地轴线及风景视线端点的景物。这样的景物,可以是自然界天然存在的景物,如山石、水体、植物等,也可以是人为建造的建筑物。对景的方式有正对和互对两种。在轴线的前、后两端面对面布置景点的方式称为正对。使用这种方式时,两个景点之间的建筑物以轴线的关系对应起来,达到一点透视的效果。互对就是在轴线的两侧同时设立两处景观,使之互成对景,即交错式对景方式。这种方式所形成的对景往往是生动多变的,可起到多点透视的效果,在画面上也显得自由活泼。

2. 借景

园林建筑在布局时要"巧于因借",这里的借就是借景的意思。借景即借周围的景色。借景不仅可以丰富园林景观,而且能够扩大园林的空间范围,是小中见大的空间处理方法之一。借景的方法包括远借、邻借、仰借、俯借和应时而借。

(1)远借是把园外的景物借为本园所有,如借远处的大山、树木、建筑等。

(2)邻借是把园子邻近的景物组织进来,如透过院落的围墙漏窗看到隔壁的厅、堂。

(3)仰借是由低处仰望高处景物,如仰望蓝天景色。

(4)俯借是居高临下俯视低处景物,如凭栏静观植物景观在池中的倒影,在山上建筑中观看全园风光等。

(5)应时而借是利用一年四季、一日之中自然景色的变化来丰富风景。

> **小提示**
>
> 在实际工作中,为了艺术意境和画面构图的需要,当选择不到合适的自然借景对象时,也可以适当设置一些人工的借景对象,以增加园林的神秘感和层次感。

3 学习单元3 园林建筑的尺度和比例

知识目标

(1)了解园林建筑中尺度的概念及应用;

(2)了解园林建筑中比例的概念及应用;

(3)掌握尺度与比例在园林建筑设计上的关系。

技能目标

(1)通过本单元的学习,能够了解尺度与比例在园林建筑设计中所起的作用;

(2)能够掌握尺度与比例在园林建筑设计上的关系。

基础知识

一、园林建筑的尺度

（一）园林建筑中尺度的概念

尺度在园林建筑中指建筑空间的各个组成部分与具有一定自然尺度的物体的比例。

尺度是园林建筑设计时不可忽视的一个重要因素。建筑的功能、审美观念和环境特点是决定建筑尺度的依据。正确的尺度与建筑的功能、审美的要求相一致，并与环境相协调。园林建筑是供人们休憩、游乐、赏景的场所，空间环境应轻松活泼，富有情趣和艺术氛围，所以其尺度必须亲切宜人。

（二）园林建筑中尺度的应用

古典园林建筑的尺度受到园林性质的影响，即使是同一种建筑，在尺度上也有差异。例如，北京故宫太和殿（见图3-27）和承德避暑山庄澹泊敬诚殿（见图3-28），虽然都是皇帝处理政务的殿堂，但前者是上朝的地方，为了显示天子至高无上的权威，采用了宏伟的建筑尺度；后者受到避暑山庄主题思想及其为行宫的影响，外形朴素淡雅，造型灵巧潇洒，采用单檐卷棚歇山屋顶、低矮台阶等小式做法，在庭院中还配有体态适宜的花木，使其尺度与四周的园林环境相协调。

chapter 01
chapter 02
chapter 03
chapter 04
chapter 05
chapter 06
chapter 07

图3-27 北京故宫太和殿的尺度

图3-28 承德避暑山庄澹泊敬诚殿的尺度

★微视频

澹泊敬诚殿

一般建筑的尺度需要注意门、窗、墙阶、柱廊等各部分的尺寸及它们在整体上的相互关系，如果这些关系符合人们常见的尺寸，符合人们的审美，就可给人以亲切感。但是，园林空间环境不仅包括园林建筑，而且包括山石、水体、植物等造园要素。因此，研究园林建筑的尺度,除了要考虑建筑物和周围景物自身的尺度外,还要考虑它们之间的尺度关系。比如室内小空间的景物不能应用于庭园中的大空间。高大的乔木和低矮的灌木丛,小巧玲珑的单孔拱桥(见图 3-29)和宽阔的多孔拱桥(见图 3-30),用来组织空间时,在尺度效果上是完全不同的。

图 3-29　单孔拱桥的尺度

图 3-30　北京颐和园十七孔桥的尺度

园林建筑空间尺度是否正确,没有一个绝对的标准,不同的艺术境界要求不同的尺度。要想取得理想的亲切尺度,一般除要考虑适当地缩小建筑的尺度以使建筑物与山石、树木等景物配合协调外,室外空间大小也要处理得当,一般不宜过分空旷或闭塞。过分空旷显得室外空间太单调、太呆板,缺少生机感;过分闭塞又使得室外空间过于狭窄,给人一种沉闷的感觉。中国古典园林中的游廊多采用小尺度的做法,廊宽一般在 1.5 m 左右,高度伸手可及横楣,坐凳栏杆低矮,一排或两排细细的柱子支撑着不太厚的屋顶,给人一种空灵之感,游人步入其中倍感亲切、舒适。此外,在建筑庭园中还常借助小尺度的游廊烘托较大尺度的厅、堂等主体建筑,并通过这样的尺度处理来取得更为生动、协调的效果。

🔊 小提示

　　要使建筑与自然景物尺度协调一致,还可以把建筑上的某些构件,如柱子、屋顶、基座、踏步等直接用自然的山石、树枝等代替,以使建筑和自然的景物更加和谐。

(三)园林建筑尺度控制应遵循的规律

控制园林建筑室外的空间尺度,使园林建筑不至于因空间的过分空旷、闭塞而削弱景观的效果,要遵循以下视觉规律。

（1）视角比值 H/D 为 $1:1 \sim 1:3$ 时，满足人体的最佳视觉规律。

（2）视角比值 H/D 大于 $1:1$，则使人心理上产生压抑、沉闷、闭塞之感。

（3）视角比值 H/D 小于 $1:3$，则使人产生空旷、单调、呆板之感。

其中，H 为景物自身的高度，包括园林建筑、山石、树木等景物的高度；D 为视点距景物的距离。所以，在设计园林外部空间时，应充分考虑其 H/D 的大小。H/D 在 $1:1 \sim 1:3$ 之间时，才能取得较好的观景效果。我国古代一些优秀的庭园设计，如苏州网师园、北京颐和园中的谐趣园、北海的画舫斋等庭园的尺度基本上都符合以上所述的视觉规律。但故宫御花园以堆秀山为主的两个庭院中，其庭园四周被大体量的建筑所包围，在小面积的两个庭园中的假山石太满太高，其 H/D 大于 $1:1$，给人以闭塞、沉闷、压抑之感。

需要指出的是，以上所述的视觉规律主要用于规模较大的园林建筑尺度分析。对于大型风景园林而言，其空间尺度具有较大的灵活性，在其视觉规律的体现上不可生搬硬套，一般的景物无论其大小及视点的远近均可纳入园内。

此外，处理园林建筑尺度，还要注意整体和局部的相互关系。一般情况下，在较小的室外空间中，建筑物的尺度应适当地缩小，这样才能取得亲切的尺度效应；在较大范围的室外空间中，建筑物的尺度也应该按比例加大，这样才能使其整体与局部的尺度关系更加协调。但是，有特殊的功能和造景要求时，可以适当地对其整体与局部的关系做调整，如为了突出某一局部，可适当地夸大其尺度。

🔊 小提示

要加大建筑的尺度，一般可通过适当地放大建筑物部分构件的尺寸来达到目的。但如果把它们一律等比例放大，则会超越人体尺度而让人感觉不舒服。

建筑物构造有大式和小式之分，屋顶形式有庑殿、歇山、硬山顶及单檐、重檐之分。为了增加亭、楼、阁、殿等体量而采用重檐屋顶（见图 3-31、图 3-32）的形式，就避免了单纯按比例放大亭子的尺寸而产生粗笨的感觉。这些经验在探索空间尺度方面给今天的设计者带来了很多启示。

图 3-31　重檐屋顶的殿

图 3-32　重檐屋顶的双环亭

课堂案例

北京颐和园佛香阁到智慧海的一段假山蹬道,其踏步高差设计为 300 ~ 400 mm。这种夸大的尺度增加了登山的艰难感,运用人的错觉增强了山和佛寺高耸庄严的感觉。

想一想:用表格的方式列举出园林建筑的常用尺度。

园林建筑的常用尺度如表 3-1 所示。

表 3-1　园林建筑的常用尺度

园林建筑	常用尺度
坐凳	凳面高 350 ~ 450 mm,儿童活动场坐凳高约 300 mm
台阶	台阶踏面宽 280 ~ 400 mm,踏面高 120 ~ 180 mm
栏杆	围护性栏杆高 900 ~ 1 200 mm,分隔性栏杆高 600 ~ 800 mm,装饰性栏杆高 200 ~ 400 mm
围墙	围护性墙体高度不小于 2 200 mm
展览栏	展览栏欣赏视线中心距地面 1 500 ~ 1 600 mm,展览窗上下边线宜在 1 ~ 2 mm,展览栏总高度一般为 2 200 ~ 2 400 mm
园灯	出入口、广场灯柱高 6 ~ 8 m,一般园路灯柱高 4 ~ 6 m,小路径灯柱高 3 ~ 4 m
月洞门	直径为 2 m 左右
园路	主干道:特大型园林 6 ~ 8 m,大型园林 4 ~ 6 m;次干道:大型园林 3 ~ 4 m,中小型园林 2 ~ 3 m;小路:1.2 ~ 2 m 或 0.8 ~ 1.2 m
亭	方亭面宽 2.7 ~ 3.6 m,六角亭开间 1.8 ~ 2.4 m,八角亭总面宽(指两个平行面之间) 3.6 ~ 4.5 m;柱高大体在 2.4 ~ 3 m
廊	开间 2 ~ 3 m;柱高 2.5 ~ 2.8 m;进深:两面柱廊 1.8 ~ 2.5 m,半壁廊 1.2 ~ 1.6 m,复廊 2.5 ~ 3.5 m
花架	开间 2.5 ~ 3.5 m,柱高 2.5 ~ 3.5 m,进深 2 ~ 4 m
大门出入口	大出入口宽 7 ~ 8 m,小出入口:单股人流 600 ~ 900 mm,双股人流 1 200 ~ 1 500 mm,三股人流 1 800 ~ 2 000 mm

二、园林建筑的比例

比例包括建筑物本身的相互关系和建筑物与其周围环境的对比关系。如果说尺度决定了单个建筑或建筑群组的大小,则比例是用来分析单个建筑自身或群组之间的高度、长度、宽度之间的协调关系。

(一)园林建筑与环境的比例关系

园林建筑环境中的水形、树姿、石态优美与否,同其本身的造型比例及其与建筑物的组合关系紧密相关,同时也受到人们主观审美要求的影响。在人工园林建筑环境中的建筑物周围,景物究竟采用何种比例,取决于它与建筑物在配合上的需要;而在自然风景区,则是由建筑物配合周围环境,即建筑物的比例取决于其周围环境的尺寸。例如,树石配置,无论是孤植、群植或密植,都要根据建筑物周围的需要考虑其造型和比例。南宋的瞻园,经我国园林建筑专家刘敦桢先生修整,山体、水池造型比例及其中每一实体的形状、大小、位置、尺度和比例更加完美,使得瞻园至今深受广大游客的喜爱。

● 微视频

瞻园

chapter 01

chapter 02

chapter 03

chapter 04

chapter 05

chapter 06

chapter 07

> **💻 知识链接**
>
> 园林建筑与植物、园路、广场、水体、山石等组成部分之间都应有良好的比例、肯定的外形,这样才更易于吸引人的注意力。所谓肯定的外形,就是形状的周边"比率"和位置不能做任何改变,只能按比例放大或缩小,不然就会丧失此种形状的特性。例如正方形、圆形、等边三角形都有肯定的外形。而长方形不一样,它的长宽比可以有各种不同的比例而仍不改变它是长方形的特性,所以长方形是一种不肯定的形状。人们经过长期的观察和实践,提出理想的长方形应符合"黄金分割"的比率,其称为"黄金比",比值大约是1:0.618。

(二)影响园林建筑比例的因素

我国古典的江南园林建筑造型式样大多轻盈舒展,采用纤细的木架结构,有纤细的柱子、不太厚实的屋顶、高翘的屋角、精致的门窗栏杆细部纹样等,在处理上一般采用较小的尺度与比例;而北方皇家园林则是粗大的木框架结构,有较粗壮的柱子、厚重的屋顶、低缓的屋角起翘和较粗实的细部纹样,一般采用较大的尺度与比例,这些特点表现了皇家园林建筑的浑厚、端庄、持重,从而突出了至高无上的皇权。影响园林建筑比例的因素如表3-2所示。

表3-2 影响园林建筑比例的因素

影响比例的因素	说 明
工程技术和材料	主要受建筑的工程技术和材料的制约,如木材、石材、混凝土梁柱式结构的桥所形成的柱、栏杆比例就不同
建筑结构	美的比例能够反映出材料的力学特征和结构的合理性。结构合理,比例就适当,结构与比例之间是相辅相成的。例如,古希腊的石柱和中国古典的木柱,二者都恰当地反映了各自的材料特性和结构的比例美

续表

影响比例的因素	说　明
建筑功能	建筑功能的要求不同,建筑外形的比例也不相同。例如,向游人开放的展览室和仅起休息、赏景功能的亭子对室内空间大小、门窗大小的比例要求就有所不同
传统习俗	(1)不同的民族的自然条件、社会条件、文化背景、传统习俗等的不同,对建筑的风格、比例产生不同的影响,使之各具特色 (2)例如,中国和日本的古建筑,结构与材料大体相同,但因受传统习俗的影响,在比例上各自保持着独特的风格;中国和西方的拱券,同是砖石材料,中国古建筑的拱券比例接近1:1,而西方的拱券比例则为2:1,两者相比,中国古建筑的拱券要低矮得多 (3)即使在同一个国家,地域文化不同,比例也大不相同。例如,我国北方亭和南方亭(见图3-33),北方亭柱与亭顶之约为1:1,南方亭柱与亭顶之比为1:1.2～1:1.5

北方亭

南方亭

图3-33　南北亭式比较

三、尺度与比例在园林建筑设计上的关系

　　一般来说,建筑的尺度和比例是紧密联系的,好的建筑设计应该做到比例良好、尺度正确。园林建筑除了要考虑建筑自身的内部空间和外部形体的比例关系外,还要考虑园林建筑与周围环境的协调关系。

　　园林建筑在设计时,很难采用数学比率等方法归纳出一定的建筑比例规律,只能从建筑的功能、结构构造及传统的园林建筑的审美观念去认识和感知。

　　注重比例与尺度的苏州古典园林,采用了较小尺度,整个园林中的建筑、山、水、树、道路等比例是相称的。就当时的起居、游赏来说,其尺度也是合适的。但是现在,随着旅游事业的发展,园林内的游客大量增加,游廊显得狭窄,假山显得低矮,庭园不复回旋,其尺度已不符合现代功能的需要。所以,不同的功能要求不同的空间尺度,不同的功能要求不同的比例。例如,北京故宫皇家园林,其建筑、山水的尺度均比苏州园林大,气势雄浑,其中亭更是如此。北京故宫千秋亭如图3-34所示。杭州西湖翠芳亭如图3-35所示。

图 3-34　北京故宫千秋亭

图 3-35　杭州西湖翠芳亭

chapter 01
chapter 02
chapter 03
chapter 04
chapter 06
chapter 06
chapter 07

4 学习单元4　园林建筑的色彩与质感

📖 知识目标

（1）了解色彩与质感的概念；

（2）了解园林空间中色彩的应用；

（3）掌握处理色彩与质感的方法。

🎯 技能目标

（1）通过本单元的学习，能够了解色彩的运用在园林建筑设计中的重要性；

（2）能够对色彩与质感进行适当处理，加强园林空间的艺术感染力。

📖 基础知识

🍎 一、色彩与质感的概念

　　色彩与质感的处理同样是体现园林建筑艺术感染力的重要因素。色彩有冷暖、浓淡之别，不同色彩的感情和联想作用给人以不同的感受。质感则表现为外形的纹理和质地两个方面：纹理有曲直、宽窄、深浅之分；质地有粗细、刚柔、隐显之别。质感虽然不如色彩能给人以多种情感上的联想，但质感可以加强某种气氛，苍劲、古朴、柔媚、轻盈等建筑性格的获取与质感的处理有很大关系。

> 🔊 **小提示**
>
> 　　色彩与质感是建筑材料表现的双重属性，两者相辅共存。只要善于发现各种材料在色彩、质感上的特点并利用它们进行建筑设计，就可以获得良好的艺术效果。

🍎 二、园林空间中色彩的运用

　　园林色彩包括天然山石、土地、水面、天空的色彩，园林建筑、构筑物的色彩，道路、广场的色彩，植物的色彩。

（一）天然山石、土地、水面、天空的色彩运用

天然山石、土地、水面、天空的色彩一般作为背景处理，要注意主景与背景的色彩调和、对比。山石的色彩多为灰、白、褐色等暗色调，所以主景色彩宜用明色调；水面的色彩主要反映周围环境和水池的颜色，水岸边植物、建筑的色彩可通过水中倒影反映出来；天空的色彩丰富，晴天以蓝色为主，阴雨天、多云等天气是灰色调，还有早晚的朝霞和夕阳，所以天空色彩是借景的重要因素，例如，西湖十景的雷峰夕照（见图3-36）就是借夕阳组景的。

★ 微视频

雷峰夕照

图3-36　雷峰夕照

（二）园林建筑、构筑物的色彩运用

园林建筑色彩在设计时要与环境相协调，例如，水边建筑以淡雅的米黄色、灰白色、褐色等为主，绿树丛中以红色、黄色等形成色相的对比。要结合当地的气候条件设色，寒冷地带宜用暖色，温暖地带宜用冷色，例如，北方地区建筑多采用红色、黄色，南方地区建筑多采用灰色、白色、褐色、赭石色，以形成色度的对比。

（三）道路、广场的色彩运用

道路、广场主要以温和、暗淡的色彩为主，不宜设计成明亮、刺目的色调。道路、广场的常用色有灰色、青灰、黄褐、暗绿等，以显得沉静、稳重。

（四）植物的色彩运用

植物的色彩非常丰富。设计时大体有以下原则。

（1）园林设计时主要依靠植物的绿色来统一全局，辅以其他色彩。

（2）植物对比色的运用，如红与绿、黄与紫、橙与蓝的对比，能形成明快醒目、对比强烈的景观效果。对比色的设计适用于广场、游园、主要入口和重大的节日场面。

（3）注意植物中同类色的协调运用，如红与橙、橙与黄、黄与绿等。同类色在色相、明度、纯度上都比较接近，容易取得协调，可体现一定的层次感和空间感，能够形成宁静、协调的景观效果。

（4）为了达到烘托或突出建筑的目的，常采用明色、暖色的植物。例如，在绿色的草坪上配置大红的月季、白色的雕塑、白色的油漆花架，效果良好。

三、处理色彩与质感的方法

处理园林建筑的色彩与质感，主要是通过对比或微差取得协调、突出重点，以提高

其艺术表现力。

（一）对比

色彩、质感的对比与前面所讲的大小、方向、虚实、明暗等各个方面的处理手法所遵循的原则基本上是一致的。在具体组景中，各种对比方法经常是综合运用的，只在少数情况下根据不同条件才有所侧重。在风景区布置点景建筑，如果要突出建筑物，除了选择合适的地形方位和塑造优美的建筑形体外，建筑物的色彩最好采用与树丛、山石等具有明显对比的颜色（见图3-37）。例如，要表达富丽堂皇、端庄华贵的气氛，建筑物可选用暖色调、高彩度的琉璃瓦、门、窗、柱子，使其与冷色调的山石、植物取得良好的对比效果。

图3-37 建筑与山石、植物形成对比

（二）微差

微差是指空间的组成要素之间表现出更多的相同性，并使其在不同性对比可以忽略不计时所具有的差异。例如，成都杜甫草堂、江苏望江亭公园、四川青城山风景区和广州兰圃公园的一些亭子、茶室，采用竹柱、草顶，或墙、柱以树枝、树皮建造，使建筑物的色彩与质感和自然中的山石、树丛尽量一致，经过这样的处理，建筑显得异常古朴、清雅、自然，耐人寻味。这些都是利用微差手法达到协调效果的典型实例。园林建筑设计，不仅单体可用上述手法处理，其他建筑小品如踏步、坐凳、园灯、栏杆等，也同样可以仿造自然的山石与植物以与环境相协调。

★ 微视频

杜甫草堂

> 🔒 **小技巧**
>
> 园林建筑中的艺术情趣是多种多样的，为了强调亲切、宁静、雅致和朴素的艺术气氛，多采用微差的手法取得协调，突出艺术意境。

📚 四、色彩的情感表现

色彩美主要是情感的表现。要领会色彩的美，主要应领会色彩所表达的感情（见表3-3），如红色使人感觉兴奋、热情、活力、喜庆，黄色使人感觉华丽，绿色使人感觉希

chapter 01
chapter 02
chapter 03
chapter 04
chapter 05
chapter 06
chapter 07

望、健康、和平,蓝色使人感觉深远、宽广,等等。组成园林构图的各种要素的色彩表现,就是园林的色彩构图,它能够代表人的一定的情感。

表3-3　色彩与人的情感

色　彩	色彩带给人的情感感染	举　例
红　色	兴奋、热情、活力、喜庆、灸热、危险等	北方建筑红柱、红墙
黄　色	灿烂、辉煌、光明、华丽、富贵等	北方建筑黄色的琉璃瓦
蓝　色	清新、秀丽、宁静、深远、宽广等	自然的蓝天、大海、湖体
绿　色	健康、生命、希望、安全、和平等	自然的树木、草坪
紫　色	高贵、浪漫、典雅、神秘等	植物中的紫罗兰、葡萄
橙　色	温暖、明亮、活泼、富足等	夕阳、秋天的叶片和果实
褐　色	古典、优雅、文化、韵味、含蓄等	南方建筑的柱、窗、构架
白　色	纯洁、神圣、清爽、雅致、轻盈等	建筑的白墙、自然的雪景
灰　色	平静、沉默、朴素、柔和、高雅等	建筑的屋顶瓦面、山石、道路
黑　色	高贵、稳重、安静、肃穆等	自然的夜色、南方建筑构件

五、视线距离对色彩与质感的影响

考虑色彩与质感的时候,对视线距离的影响应予注意。对于色彩效果,视线距离越远,空间中彼此接近的颜色因空气尘埃的影响就越容易变成灰色调;而对比强烈的色彩,其中暖色相对会显得愈加鲜明。在质感方面则不同,距离越近,质感对比越显强烈;距离越远,质感对比越弱。例如,太湖石是一种具有皱、透、漏、瘦特点的质地光洁、呈灰白色的山石,因其玲珑多姿、造型奇特,所以适宜散置近观或用在小型庭园空间中筑砌山岩洞穴,如果其纹理脉络通顺、堆砌得体、尺度适宜,景致必然十分动人;但若将其用在大型庭园空间中堆砌大体量的崖岭峰峦,则将在视线较远时,由于看不清山形脉络,不仅达不到气势雄伟的景观效果,反而会给人以虚假和矫揉造作的感觉,此时若改以尺度较大、夯顽方正的黄石或青石堆山,则会显得更为自然逼真。

知识链接

建筑物墙面质感的处理也要根据视线距离的远近来选用材料的品种和决定分格线条的宽窄和深度。如果视点很远,则墙面无论是用大理石、水磨石、水刷石,还是用普通水泥色浆,只要色彩一样,其效果不会有多大区别。但是,随着视线距离的缩短,材料的不同及分格嵌缝宽度、深度大小不同的质感效果就会显现出来。

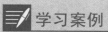 学习案例

香洲建造年代:清。

建造地点:苏州拙政园内。

面积:约 40 m²。

用材:木。

香洲是典型的画舫式古建。画舫是一种特殊的建筑,它的原型是江船。早在北宋时,文学家欧阳修就在他的官邸中利用七间屋,在山墙上开门,而正面不开门,仅开窗,名曰"画舫斋"。从《清明上河图》中可以清晰地看到,当时在江中行驶的官船都像一座水上建筑,前舱为客厅,有的厅前还有敞轩、鹅颈椅可供坐憩观赏江景,中后舱为家人起居与卧息之所,再后则是船工活动范围。而欧阳修的画舫斋则是把这种官船还原,以追忆在江中游历的乐趣。香洲属于旱船,建于水边,有小桥与岸上相通,象征此船泊于水边,有跳板可上下。这种建筑对船的模仿比较逼真,往往有前舱、中舱和后舱。香洲一层平面如图 3-38 所示。

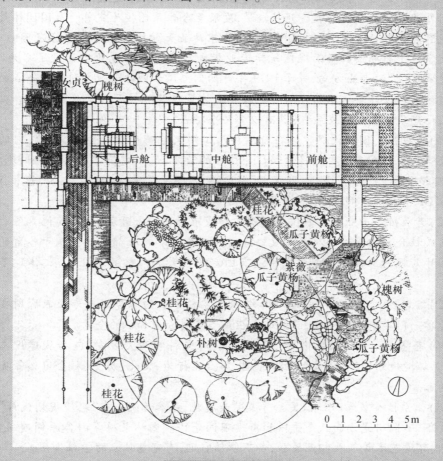

图 3-38 香洲一层平面

想一想

通过本案例简要说一说园林建筑布局都有哪些手法。

案例分析

园林建筑在中国园林中所占比重较大，它不仅可以组织、划分空间，而且可以点缀园林景观，供游人就座休憩、尽情赏景。园林建筑布局是园林整体布局的一个重要的组成部分。布局是园林建筑设计方法和技巧的核心问题。巧妙的立意、合适的基址选择，加之生动有序的布局，才能创造出好的建筑空间氛围。园林建筑布局虽然类型多样，但其布局手法大体上有以下几种：① 主与从；② 正与变；③ 动与静；④ 对景与借景。

知识拓展

园林景观规划与设计专业教育的发展

国外的园林景观规划教育开始较早，发展至今体系已较为完善。我国园林景观类专业教育最早开始于 20 世纪 60 年代初，北京林业大学园艺系最先创办了园林专业。同济大学也于同期按国际景观建筑学专业模式在城市规划专业中开设了名为"风景园林规划设计"的专业方向，并于 1979 年开始创办风景园林专业学科和硕士点教育及风景园林规划设计博士培养方向。之后又有许多建筑院校开办了此类专业。纵观国内外园林建筑学教育及发展，其具有以下几个特点。

（1）边缘性。园林景观学是在自然和人工两大范畴边缘诞生的，因此，它的专业知识范畴也处于众多的自然科学和社会科学的边缘，例如建筑学、城市规划、地学、生态学、环境科学、园艺学、林学、旅游学、社会学、人类文化学、心理学、文学、艺术、测绘、3S（RS、GPS、GIS）应用、计算机技术等。

（2）开放性。专业教育不仅向建筑学和城市规划人士开放，也向其他具备自然科学背景或社会科学背景的人士开放。持各种专业背景的人都有机会基于各自的专长从事园林景观的工程实践。该学科没有固定的模式和严格的专业界限，体现了其开放性。

（3）综合性。多方面人士的参与增强了学科专业的综合性。专业教育所要培养的不是单一门类知识的专才，而是综合应用多学科专业知识的全才。

（4）完整性。专业教育横跨自然科学和人文科学两大方向，包括从建设工程技术、资源环境规划、经济政策、法律、管理，到心理行为、文化、历史、社会习俗等完整的教育内容。

（5）体系性。多学科知识关系并不芜杂凌乱，基本都统一在"环境规划设计"这一总纲之下，不同研究方向只是手段和角度不同而已。园林景观学科体系同建筑学、城市规划、环境艺术等专业相互关联，却不依赖它们，有完整独立的学科体系。

情境小结

本情境主要讲授了园林建筑空间的布局手法，并进一步阐述了园林建筑布局、园林建筑的尺度与比例和园林建筑的色彩与质感。通过以上的学习,为下一步的园林建筑设计打好基础。

学习检测

填空题

1. 在园林之中起着点缀自然景观作用的建筑物,一般都是_____的形式。它们灵活地布置在园林某些具有特征性的地域,与周围的自然环境完全融为一体。它们一般是_____、_____的建筑形象。

2. 园林建筑布局的主要特点可概括为:_____、_____、_____。

3. 一般居住部分是层层院落的形式,以_____为中心,居住部分是"_____",园林部分是"_____",主体是_____格局。

4. 中国古典园林中的游廊,多采用小尺度的做法,廊宽一般在_____左右,高度伸手可及横楣,坐凳栏杆低矮,一排或两排细细的柱子支撑着不太厚的屋顶,给人一种空灵之感。

5. 园林色彩包括_____、_____、_____、_____,园林建筑、构筑物的色彩,道路、广场的色彩,植物的色彩。

选择题

1. 灵活地布置在园林某些具有特征性的地域,与周围的自然环境完全融为一体,一般是四面开敞、通透的建筑形象,这种园林建筑空间是(   )。
   A. 聚合性的内向空间   B. 开敞性的外向空间
   C. 自由布局的内外空间   D. 画卷式的连续空间

2. (   )是园林景观要素的基础,是创造园林景观地域特征的基本手段。
   A. 地形地势   B. 自然山水   C. 园林建筑   D. 园林植物

3. 理想的长方形应符合"黄金分割"的比率,其称为"黄金比",比值大约是(   )。
   A. 1:0.318   B. 1:0.418   C. 1:0.518   D. 1:0.618

4. 使人感觉兴奋、热情、活力、喜庆的色彩是(   )。
   A. 黄色   B. 绿色   C. 红色   D. 蓝色

简答题

1. 简述园林建筑空间的内外联系与过渡的方法。
2. 简述园林建筑空间布局的手法与技巧。
3. 说一说影响园林建筑比例的因素有哪些。
4. 说一说视线距离对色彩质感的影响。

★ 测试题
选择题

★ 测试题
判断题

学习情境四

园林建筑设计的过程

情境引入

某滨水公园茶室设计任务书

建筑规模:总建筑面积 100~200 m²(可上下浮动 10%)。

设计性质:景观建筑及其外部环境设计。

基本功能及面积要求为,餐厅:100 m²;厨房:50 m²;洗手间:10 m²。室外基本功能及要求为,停车位:2 个小轿车车位;露天散座:20 个座位。

层数控制:1~2 层(如果只有一层则屋顶可允许上人)。

案例导航

通过上述案例,主要培养学生掌握园林建筑设计的基本方法,包括设计的程序、方案的构思、施工图设计的表达,使学生正确理解园林建筑设计的基本知识,将其应用于各类园林建筑设计中,从而培养学生承担中小型园林建筑设计项目的能力。

要了解园林建筑设计的过程,需要掌握的相关知识有:

(1)准备阶段的相关知识;

(2)设计阶段的相关知识;

(3)完善阶段的相关知识。

1　学习单元1　准备阶段

知识目标

(1)了解园林建筑设计准备阶段中的基础环节包括资料收集和基地调查分析;

(2)掌握园林建筑设计中综合考量的要素;

(3)了解园林建筑设计项目策划的内容。

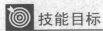 **技能目标**

（1）通过本单元的学习，能够掌握园林建筑设计的准备阶段中的基础内容；

（2）提高学生对本专业的学习兴趣，加强实践性锻炼，培养学生良好的学习习惯。

基础知识

准备阶段是园林建筑设计过程的最初阶段，原则上是从项目立项并接受设计任务开始，到对项目有一个全面的、整体上的认知为止，但不能排除在设计和深化过程中甚至是施工过程中重新加以修正抑或调整的可能。该阶段设计师的主要任务是理解并消化设计任务，要求设计师对设计任务的项目背景、使用需求、立地环境等设计条件有深刻而全面的整体理解和把握，做好前期准备，为下一步的设计奠定坚实的基础。

小提示

该阶段资料收集是否翔实充分，现场勘查是否细致，综合考量设计要素是否全面，直接关系到设计的成败。

一、明确设计内容

一般来说，建筑项目在规划立项之后，委托方会向设计者出具设计任务书，以书面的形式明确设计的内容和要求。任务书中会写明基地的基本状况、各种指标、设计要求、项目性质、成果要求等。

一般情况下，设计的内容和要求是事先确定好的。但也有个别情况，假如委托方对设计的内容并不是很明确，就可要求设计师综合考虑基地的基本条件和周边环境特点，向委托方提出技术上的参考意见，以明确设计内容和目标，作为后面设计的基础。

二、收集资料

在收集资料的过程中，设计师要重点把握收集的内容与方向，这样才能事半功倍。园林建筑存在于自然环境之中，依存于环境，园林建筑与自然环境是一个由各类自然和人工要素相互关联、相互依存、相互制约而构成的系统。因此，在设计初始准备阶段，必须对设计资料有全面的了解，才能做到心中有数、有的放矢。从某种程度而言，设计者对项目与环境的理解和把握是设计合理与否、成功与否的首要条件，其理解程度则取决于资料收集的准确性及信息容量的多少，即对拟建园林建筑的使用需求、市场定位、功能性质、技术条件、工艺流程、环境状况、生态保护、经济基础等信息资料的收集与分析。收集资料具体可依据下面的步骤进行。

小提示

系统中园林建筑不再是单纯的个体，而是环境的构成要素之一，其中任何一个要素发生改变，均会牵一发而动全身，并会引起其他要素和环境的重新整合。

（一）对项目背景资料的收集并整理

这一步主要是通过对项目背景资料的了解，为设计师进一步全面把握设计的方向与重点做好准备。这就要求设计承托方即设计师通过与委托方的多渠道沟通,全面了解项目的投资主体、投资额度、项目性质、建筑类型、使用主体、功能需求、用地范围、建筑红线以及容积率、建筑高度、建筑密度等背景条件,做到心中有数,以了解设计任务的重点在何处、客观状况怎样等关键问题,并根据需要提出切实可行的合理化建议,供委托方参考。

(二)对设计任务资料的收集并整理

这一步主要是对设计任务进一步消化,为设计师理解并把握具体的设计任务做好准备。这就要求设计师一方面整理并分析设计任务的相关信息,另一方面注意收集同类性质的项目设计资料加以比对。只有通过以上两方面设计资料的收集,设计师才能对设计任务进行合理的消化、吸收,并细化具体任务安排,以满足未来建筑使用过程中所应具备的各项美观、使用等要求。

(三)对立地条件资料的收集并整理

这一步主要是对设计项目所处环境的自然与人文要素进行收集与整理。这些信息资料与设计任务息息相关,其至少有以下几个方面的信息。

▮▮ 1.场地自然肌理特征

它包括气候、地形、地貌、植物、土壤、水文、日照、温度、降雨、风向等(见图4-1)。

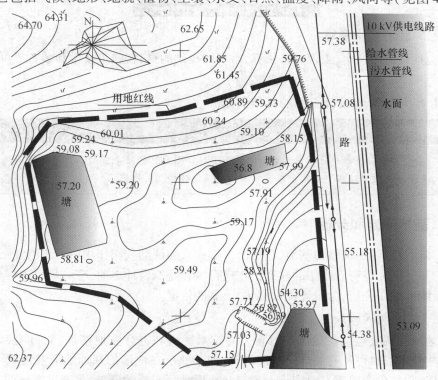

图4-1　某拟建地块所表达出的自然肌理与立地条件信息

▮▮ 2.场地人文肌理特征

它包括物质形态的文化遗存、非物质形态的文化遗存、民风、民俗、地域文化、时代特征等。

3. 立地条件特征

它包括地质状况、周边建筑与构筑物、内外部交通、给排水、电力电讯等状况（见图4-1）。

4. 视觉景观环境特征

它包括景观通道、景观视域、周边景观状况、基地景观风貌（见图4-2）。

图4-2　某拟建地块视觉景观环境特征

5. 经济技术条件

它包括可适用技术,工程经济估算,市场能提供的材料、施工技术和装备等可能性比较。

6. 可能影响设计工程的其他因素

◁)) 小提示

相关资料的搜集包括规范性资料和国内外优秀设计图文资料两个方面。为了保障园林建筑的质量,设计师在设计过程中必须严格遵守园林建筑设计的相关规范。

三、基地调查和分析

园林建筑拟建地又称为基地,它是由自然和人类活动共同作用所形成的复杂空间实体,它与外部环境有着密切的联系。在进行园林建筑设计之前,应对基地进行全面、深入、系统的调研分析,为设计提供细致、可靠的依据。

（一）基地现状调查

基地现状调查包括收集与基地有关的技术资料和进行实地踏勘、测量两部分工作。有些技术资料可从有关部门查询得到,如基地所在地区的基地地形及现状图、城市规划资料、气象资料等。对查询不到但又是设计所必需的资料,可通过实地调查、勘测得到,如基地及环境的视觉质量、基地小气候条件等。若现有资料精度不够、不完整或与现状有出入,则应重新勘测或补测。基地现状调查的主要内容如表4-1所示。

表 4-1 基地现状调查的主要内容

调研项目	主要内容
地段环境	基地自然条件：地形、水体、土壤、植被等 气象资料：四季日照条件、温度、风、降水量、小气候等 视觉质量：基地现状景观、环境景观、视阈 人工设施：构筑物、道路和广场、各种管线等
人文环境	人文环境的地域性与文脉性为创造富有个性特色的园林建筑空间造型提供了必要的启发与参考 地方风貌特色：当地文化风俗、历史名胜、地方园林建筑风格等 城市性质与规模：项目建设地属政治、文化、金融、商业、旅游、交通、工业还是科技城市；属特大、大型、中型还是小型城市
城市规划设计条件	该条件是由城市管理职能部门依据法定的总体发展规划与城市绿地系统规划提出的，其目的是从城市宏观角度对具体的园林建筑设计项目提出若干总体要求与控制性限定，以确保园林建筑系统整体环境的良性运行与发展。特别在风景名胜区控制较严格 绿化技术指标要求：用地内绿化率、绿化覆盖率、三维绿量等技术指标要求 后退红线限定：为了满足所临城市道路（或相邻建筑、文物古迹）的景观、交通、市政及日照要求，限定园林建筑中建筑或构筑物在临街（或相邻建筑、文物古迹）方向后退用地红线的距离。它是该园林绿地的最小后退指标 停车量要求：用地内停车位总量（包括地面上下）。它是该项目的最小停车量指标 城市规划设计条件是园林建筑设计必须严格遵守的重要前提条件之一

现状调查无须将所有的内容一个不漏地调查清楚，应根据基地的规模、内外环境和使用目的分清主次，主要的应深入详细调查，次要的可简要了解。要分析哪些是有利因素，可以加以利用；哪些是不利因素，必须加以改造。如图4-3所示是某小卖亭方案基地的景观影响因素分析示意图。

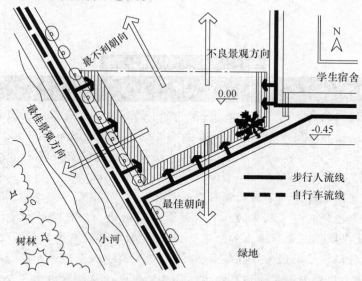

图 4-3 某小卖亭方案基地的景观影响因素分析示意图

（二）基地分析

基地分析在整个设计过程中占有很重要的地位。深入细致地进行基地分析，有助于用地规划和各项内容的详细设计，而且在分析过程中产生的一些设想也很有价值。基地分析是在客观调查和主观评价的基础上，对基地及其环境的各种因素做出综合性的分析与评价,使基地的潜力得到充分发挥。

较大规模的基地是分项调查的,因此基地分析也应分项进行,最后再综合。首先将调查结果分别绘制在基地底图上,一张底图只绘制一个单项内容,然后将各项内容叠加到一张基地综合分析图上(见图4-4)。由于各分项的调查或分析是分别进行的,因此可做得较细致、深入,各分项应标明关键内容。

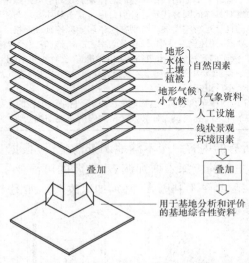

图4-4 基地分析的分项叠加方法

✎ **课堂案例**

在某公园内纪念馆的设计过程中,院内的一棵名贵古树是保留的目标。设计者依据资料信息最初拟定了"L"形布局的建筑形态。而通过现场踏勘,设计者发现古树独特的姿态使"L"形布局根本无法实现。设计者最终依据现场的古树姿态将建筑形态改成了"C"形布局。

通过本案例思考现场踏勘对园林建筑设计的影响。

现场踏勘包括对部分收集的立地条件资料在场地内进行现场核查与比对。具体而言,就是在现场感受场地内的自然肌理条件特征,体验人文肌理条件特征,并复核立地条件特征。这是因为在收集资料的过程中,我们仅能通过全息航拍图和比例详细、信息详尽的地形图对地形有初步的认知。但无论这些资料所包含的信息如何详尽,其都与现场信息存在或多或少的差异。只有通过现场的实地踏勘,才能对我们掌握的信息进行修正和补充。在这个过程中,现场陡坎的位置、高度和坡面地质状况,植被情况与保留树种的姿态,现场拟建建筑基址的地质状况是主要复勘的对象。

四、综合考量设计要素

园林建筑设计过程中,甲方通常会提出具体要求,但多数并不明确。因此,在获取设计任务书的同时,需要与甲方进一步探讨沟通、相互启发、归纳整理,明确园林建筑的具体的使用性质和功能,为下一步的设计做好准备。综合考量设计要素的方向可归纳为以下几个方面。

> **小提示**
>
> 园林建筑依据不同的性质有不同的建筑类型和不同的使用要求。尽管不同类型的园林建筑在功能上有各自的特殊性,但是其也包含了矛盾的普遍性,存在某些共同的功能要求。这就需要我们对园林建筑的设计要素进行全面、综合的考量。

(一)园林建筑的具体性质

园林建筑的具体性质即拟建园林建筑的使用需求,以及不同需求对设计任务最为突出的需求性质。例如,亭、台、楼、阁、厅、轩、茶室、酒吧等公共休憩类建筑的景观性要求最高;入口、游人服务中心、售票、码头、交通站点等公共服务类建筑对功能标志性的需求最强;艺术馆、书画馆、纪念馆等文化类园林建筑要求具有较强的文化标志性;商店、温室、花房、盆景园等经营类建筑对生产、经营的使用需求最强;园区办公用房、配电房、设备用房等辅助用房要求功能使用的便利性和景观上的隐蔽性。

(二)建筑造型、空间的使用性质及特点

不同类型的园林建筑对建筑外部体量、造型,以及内部空间大小、通风状况均有不同的技术要求。例如,茶室(见图4-5)、景亭以及供游人休憩的厅、轩等公共休憩类建筑,要求空间具有最佳的景观视域,因此其建筑空间较为开敞、轻灵、通透;入口、游人服务中心、售票、码头、餐厅、交通站点等公共服务类建筑要求空间与环境结合,能够满足游人使用和识别的需求,因此其空间较为简洁、开阔;艺术馆、书画馆、纪念馆等文化类园林建筑要求能够充分满足内部展品的陈设需求,因此其造型多封闭且雕塑感较强;商店、温室、花房、盆景园(见图4-6)等经营类园林建筑对建筑的采光、通风、购物、观赏、运输等空间要求,需从内部商品、植物的有利环境来综合考虑,因此其造型多采用高空间、大跨度。

图4-5 某公园茶室效果图

图4-6 某盆景园效果图

（三）建筑物内部各功能区块的考量

建筑内部各功能区块的考量即要求设计人员依据园林建筑的性质与使用需求对其内部进行合理的划分：一方面，可依据不同功能区对通风、采光的需求安排其在建筑中的具体方位，例如，茶室中的饮茶区需具有最佳的景观面，开水间与服务台多数景观要求不高但需与饮茶区有最为便利的交通，餐厅的厨房需布置在通风状况优良的下风向（见图4-7）；另一方面，可依据不同区域对动与静、主与次、内与外的需求划分功能区块，对建筑横向（即同一楼层平面）、纵向（即不同楼层平面）的功能划分做出大体的安排，例如，艺术馆的展示区要求有整体的墙面以供布展，而创作室则要求有较高的私密性和景观性，储藏空间则要求具有较高的安全性和独立性以利于藏品的储藏和保护（见图4-8）。此一阶段可以用功能简图的图示形式（即我们常说的泡泡图）加以表达。

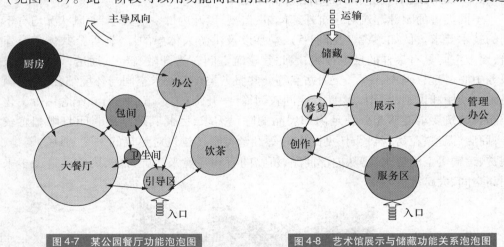

图4-7 某公园餐厅功能泡泡图　　　　图4-8 艺术馆展示与储藏功能关系泡泡图

🍎 五、项目策划

过去在园林建筑的建设程序中，项目的策划阶段往往不为人所重视。这个阶段在社会上尚未有明确的分工和具体的工作职责范围，但它对项目的成败是具有关键意义的。近年来，随着园林事业的迅猛发展，项目策划越来越受到人们的关注。

项目策划的主要内容是：明确项目建设的目的性；了解市场使用者有何需求；分析项目的共性与个性，如项目所在地的历史文化背景、人文环境、地理特征等，充分挖掘其特性;确认需要满足哪些建设条件的要求;评估项目的可行程度和保证条件等,概括地说,就是设计前在艺术、技术、项目实施上对项目有一个更高、更深、更全面的认识。这一点在实际工作中尤其重要。

以上所述的设计前期准备工作可谓内容繁杂,头绪众多,工作起来也较枯燥,而且随着设计的进展,我们会发现,有很大一部分工作成果并不能直接运用于具体的方案之中。而我们之所以坚持认真细致、一丝不苟地完成这项工作,是因为虽然在此阶段我们不清楚哪些内容有用(直接或间接)、哪些无用,但是只有对全部内容进行深入系统的调查、分析、研究、整理,才可能获取所有对我们至关重要的信息资料。

2 学习单元2 设计阶段

知识目标

(1)了解园林建筑设计的设计立意;
(2)掌握方案的构思和达意手法;
(3)了解多种方案的比较与选择。

技能目标

(1)通过本单元的学习,能够掌握园林建筑设计阶段的基本过程;
(2)能够掌握园林建筑设计阶段内的设计技巧,为实际的园林建筑设计提供依据。

基础知识

园林建筑设计阶段是多学科交叉互动并向着满足诸多要求的综合目标反复推敲、深入、不断完善的复杂的创作过程。此一阶段即设计的主意和达意过程,是设计过程的重中之重。它要求设计者对园林建筑的特殊性有明确的认识,具体而言可归纳为以下几点。

(一)景观艺术要求更高

爱美之心人皆有之,园林建筑作为观景的主要场所和主要的景观物,兼具陶冶受众性情、提升受众审美的精神性格。人们往往更加注重其美学价值,对其建筑艺术和景观美学的需求远远超出了普通的民用建筑。

(二)灵活性更强

休憩、游乐生活的多样性使得其物质载体之一的园林建筑在使用和观赏上对多样性的要求更高,这就要求其在面积、形式、功能的选择与组织上不拘一格、灵活多变,在有限中创造无限的可能。

(三)关注地域文化

园林建筑的个性化需求使设计者更多地关注地域文化与建筑的融合,这是因为地域文化对于园林建筑唯一性的创造更为有效。对地域文化的有效诠释是园林建筑确立唯一性的主要途径之一。

（四）契合自然环境

园林建筑与其存在之环境要素山、水、植物、动物、气候、光线等组合成了整体的空间环境,形成了丰富多彩的园林景观。对自然环境的映射与反馈是其成功的关键所在。

一、设计立意

（一）立意的价值

设计活动本身是一种受外部条件限制的思维活动,是一个从无到有、反复循环、逐步完善的过程,是一个设计思维逐步发展、完善并最终物态化的过程。设计立意可以说是这一复杂过程的起点,它是设计的生命所在,是设计的灵魂。园林建筑景观价值的突出地位使设计立意在园林建筑创作过程中的灵魂地位十分显著。

> 🔊 **小提示**
>
> 立意既关系到设计的目的,又是在设计过程中采用各种构图手法的依据。在我国传统造园的特色中,立意着重于艺术意境的创造,追求寓情于景、触景生情、情景交融的境界。

（二）立意的构建

1. 从文化肌理入手

以文化肌理为出发点,确立设计基点,构建契合文化的立意。这样的立意多以地域文化为主要研究对象,因为地域文化内涵具有与生俱来的排他性,其契合园林建筑本身的灵魂,最有利于创造设计的唯一性。而唯一性正是园林建筑的独特性,也是园林建筑的生命力所在。例如,浙江天台山风景名胜区赤城景区的济公西院(见图4-9),由八盖阁、葫芦斋、袈裟门等组成,设计者以济公文化为切入点,以济公的袈裟、酒葫芦、破扇为文化象征,彰显了瑞霞洞宗教文化的丰富内涵,使其成了赤城景区文化的核心景点。

图4-9　济公西院

2. 从自然肌理入手

园林建筑场所范围内一切地势、地貌、植被、水文等自然条件均是其创作设计的限制,也是其创作灵感的源泉之一。因此,以其场所范围内的自然肌理条件为设计出发点，构建契合场所自然肌理的设计立意，有事半功倍的效果。例如，新昌大佛寺风景区佛心广场（见图4-10）的设计中，设计者在合理解读环境自然肌理特征的基础上，因借原有地势地貌，通过景亭、牌坊、摩崖石刻、净水莲花、无字照壁等景点的精心布局赋予其文化特征，营造出契合环境、独具匠心的佛心广场。

图4-10　大佛寺风景区佛心广场整体鸟瞰

3. 从使用需求入手

园林建筑的使用带来不同的空间要求、不同的功能布局形式，因此可以根据其不同的使用功能进行创作。例如，山东环翠楼公园的温室设计，设计者通过顶部采光以及自动控制的开启式通风系统，解决了温度、湿度的控制难题，形成了独具特色的建筑形式。

4. 从景观需求入手

由于园林建筑景观要求的突出地位，因此也可以其景观要求为出发点，确立设计基点，构建契合环境景观需求的园林建筑。例如，建于1989年的福建省长乐市的海螺塔（见图4-11），其独特的建筑风格和醒目的地理位置在海、空、礁、堤的景观格局中获得了和谐，成了长乐下沙海滨度假村的重要景观标志。

图4-11　福建省长乐市海螺塔

以上手法多数并不是单独使用的，而是以一种为主、其他为辅的形式来进行创作的，如济公院的创作。

假如我们要创作一幅名为"深山藏古刹"的画,我们至少有四种立意的选择:或表现山之"深",或表现刹之"古",或表现"藏",或"深""藏"与"古"同时表现。可以说,这四种立意均把握住了该画的本质所在。但通过进一步的分析,我们发现,四者中只有两种是能够实现的。苍山之"深"是可以通过山脉的层叠曲折得以表现的,"藏"是可以通过巧妙的构思来体现的,而寺庙之"古"是难以用画笔来描绘的,自然第二、第四种难以实现。因此,"深"或"藏"字就是它的最佳立意。

通过本案例的描述,说一说"设计立意"在园林建筑设计中的地位。

园林建筑设计是一种艺术与技术相结合,寄情于景的空间塑造,因此较其他一般的工程设计更加需要意匠。这里的"意"为立意,"匠"为技巧。评价一个设计立意的好坏,不仅要看设计者认识把握问题的高度,还应该分析它的现实可行性。在确定立意的思想高度和现实可行性上,许多著名园林建筑的创作给了我们很好的启示。

二、方案构思

(一)影响设计方案的因素

在全面了解以上问题的基础上,确定设计立意后,可综合考虑基地与周边环境中诸因素的平衡。影响园林建筑设计方案的主要因素如下。

(1)园林建筑风格与环境的有机结合。

(2)园林建筑的体量、体型与环境空间在比例尺度上的协调。

(3)园林建筑与附近构筑物的主次关系和构图关系。

(4)外围欣赏该园林建筑的地点与角度,即园林建筑点景的作用效果。

(5)园林建筑与地形、水体、小气候的适应程度。

(6)拟建园林建筑原地的植被情况确认,对于有古树、名木的现场更必须仔细观察。

以上因素在设计上需要进行整体设计与统筹,需要把握住方案总的发展方向,并形成一个明确的构思意图。

方案构思阶段是整个创作过程中最主要的阶段。在这个阶段中,园林建筑的设计方案从无到有,逐渐成形,经历着一个复杂而有意义的过程。

(二)方案构思过程

方案构思是方案设计过程中一个至关重要的环节。如果说设计立意侧重于观念层次的理性思维并呈现为抽象语言,那么方案构思则是借助于形象思维的力量,在立意的理念思想指导下,把第一阶段分析研究的成果落实成为具体的园林建筑形态,由此完成从物质需求到思想理念再到物质形象的质的转变。

以形象思维为其突出特征的方案构思依赖的是丰富的想象力与创造力,它所呈现的思维方式不是单一的、固定不变的,而是开放的、多样的和发散的,是不拘一格的,因而常常是出乎意料的。优秀的园林建筑给人们带来的感染力乃至震撼力无不始于此。从大自然中我们可得到许多启示(见图4-12)。

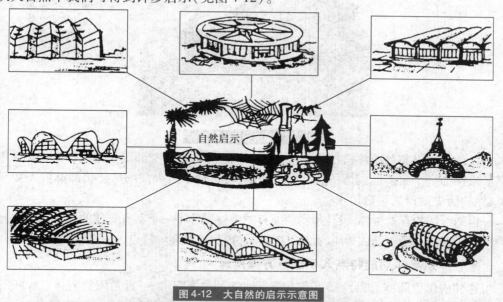

自然启示

图4-12 大自然的启示示意图

chapter 01
chapter 02
chapter 03
chapter 04
chapter 05
chapter 06
chapter 07

🔒 **小技巧**

想象力与创造力不是凭空而来的,除了平时的学习训练外,充分的启发与适度的形象"刺激"是必不可少的。可以通过多看资料、多画草图、多做模型等方式来达到刺激思维、促进想象的目的。

形象思维的特点也决定了具体方案构思的切入点必然是多种多样的,既可以从功能、环境入手,也可以从经济条件入手,由点及面,逐步发展,形成一个方案的雏形。

1. 从环境特点入手进行方案构思

富有个性特点的环境因素如地形地貌、景观朝向以及道路交通等,均可成为方案构思的启发点和切入点。

例如重庆忠县的石宝寨(见图4-13),它在认识并利用环境方面堪称典范。该建筑选址于长江边的一座风景优美的孤峰上,孑石巍然,壁立崖峭,层层叠叠的巨大岩石构成了其独特的地形、地貌特点。在处理建筑与景观的关系方面,它不仅考虑到了对景观利用的一面——使建筑的主要朝向与景观方向一致,使其成为一个理想的观景点,而且有着增色环境的更高追求——将建筑紧贴陡立如削的岩壁之上,为长江平添了一道新的风景。

★ 微视频

石宝寨

图 4-13　重庆忠县的石宝寨

又如法国巴黎的卢浮宫扩建工程,建筑师把新建建筑全部埋于地下,使建筑的外露形象仅为一个宁静而剔透的金字塔形玻璃天窗,从中所表现的是建筑师尊重人文环境、保护历史遗产的可贵追求。

再如深圳的青青世界,设计师利用原有的山谷设计了一个富有野趣的侏罗纪迷你公园,其深受游客喜爱。从中可以看出,这是设计师从自然环境特点入手进行的巧妙构思。

2. 从具体功能特点入手进行方案构思

这种构思更圆满、更合理、更富有新意地满足功能需求,一直是风景园林工程师所追求的,具体设计实践中它往往是进行方案构思的主要突破口之一。一般的园林建筑设计多用此法进行构思。常见的集中功能结构关系图如图4-14所示。

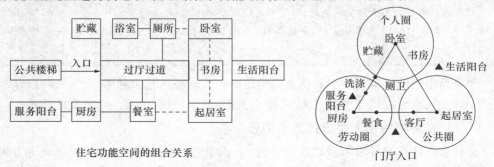

图 4-14　常见的集中功能结构关系图

除了从环境、功能入手进行构思外,具体的任务需求特点、结构形式、经济因素乃至地方特色,均可以成为设计构思可行的切入点与突破口。另外需要特别强调的是,在具体的方案设计中,同时从多个方面进行构思,寻求突破(例如同时考虑功能、环境、经济、结构等多个方面),或者在不同的设计构思阶段选择不同的侧重点(例如在总体布局时从环境入手,在平面设计时从功能入手等)都是最常用、最普遍的构思手段,这既能保证构思的深入和独到,又可避免构思流于片面、走向极端。

> 🔒 **小技巧**
>
> 这个阶段涉及的内容比较庞杂,在过程中要逐步深入、各个击破,以宏观把握为主,不能过分陷入某个环节。

三、达意手法

虽说园林建筑设计有法无式,即设计应该依据不同的立地条件和设计要求进行不拘一格的创作,但仍然可以根据设计达意的方式的主次不同将其分为传统和非传统两大类型。传统类型的达意多以美学、功能为创作的主要出发点,而非传统类型的达意多以生态、技术为创作的出发点。虽然具体的达意手法不可能——尽列,但通过对几种较为常见的达意手法的解释,仍然可以为设计者打开创作之门。

(一)均衡

园林建筑的各个组成部分如果在形体、色彩、空间和风格上具有一定程度的一致性,则会给人带来均衡的建筑体验,并形成统一、整齐的感受。此种方法需要掌握韵律的节奏,以克服呆板、单调之感,力求实现统一中富有变化的均衡美。

> 🔊 **小提示**
>
> 在设计过程中大可不必为多样化而担心,因为在满足园林建筑的各种功能需求的同时,建筑本身的复杂性势必会造成形式的多样化,即使一些功能要求简单的设计,也需要不同的设计要素,因此设计的首要任务是把握这些多样化的节奏,将其纳入统一的均衡美之中。

1. 对称与非对称

对称是以设计中心为基准左右布局,其中心明确,给人以稳重、安定的均衡美。我国传统园林建筑单体大多采取此种手法,整体布局则仅在古典官式园林建筑群中使用,如颐和园即采用了对称布局(见图4-15)。非对称均衡手法多围绕设计中心巧妙布局。此种手法多给人形散神不散的美感,我国传统园林布局多采用此种手法,如苏州网师园(见图4-16)。

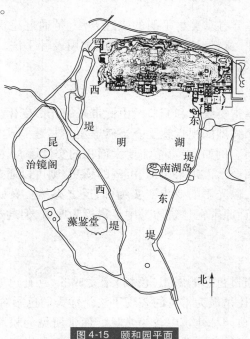

图4-15 颐和园平面

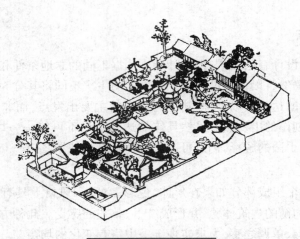

图 4-16　苏州网师园鸟瞰

2. 空间轴线的均衡

建筑布局中使用空间轴线是最为常见的均衡控制手法。根据空间轴线确立主次关系,强调位置,主要部分置于中轴线上,从属部分置于轴线两侧或周围。空间轴线的合理安排可使建筑的各组成部分形成整体。等量的二元体若没有空间轴线的控制将无法构成均衡的整体

3. 突出主体

同等体量难以突出主体,利用体量差异、特征差异才能强调主体。在空间组织上,同样可以空间大小的差异衬托主体。以高大或明显的主体统一全局,构成均衡,是此类设计较为常见的设计手法。

(二)对比

对比是以强烈的差异寻求美学平衡的表达方法,是通过建筑的虚实对比、空间对比、方向对比、色彩对比、材料对比等把握节奏的常用设计手法。通过对比,可使人们对物体的认识得到夸张。

1. 虚实对比

建筑的虚实通常是指实墙面和洞口及由此带来的光影变化。在设计过程中,虚实对比通常会给人们带来强烈的视觉感受。当然虚实并非是一成不变的,可以根据创作的需要进行有效的转换。例如,展览馆需要大面积的实体墙面、屋面,但创作过程中如果感觉这样的实体墙面会给人带来压抑、沉闷的感受,则可以通过出挑、加设外廊的形式,或者局部开启洞口,以光影的变化变实为虚,反之亦然。又如,杭州西湖边上的历史博物馆,其大面积屋面原本在建筑体量中显得极为厚重,但通过屋面上的局部开启,使实与虚发生了转换。

2. 色彩对比

色彩对比主要是通过色彩的属相(色相)来完成的,互补色的对比、色彩的明暗对比、同一色系的色相对比是最为常见的表现手法。优秀的色彩对比对设计有事半功倍之效,这一点在中国古典园林建筑中较为常见。通常所见的粉墙黛瓦、红墙碧瓦虽受等级制度的规制,但其中的色彩差异所取得的美学功效是毋庸置疑的,如泰州望海楼

（见图4-17）。

图4-17 泰州望海楼的色彩搭配

（三）韵律

韵律即节奏，是任何物体组成系统不可或缺的一种属性。在重复中变化、在变化中重复是韵律的本质，而节奏的突然改变是设计取得美学特征的常用手法。

1. 连续

连续的韵律是通过三个以上的重复单元，取得大小、距离、形式的统一而获得。通常采用以下几种手法获得连续的韵律。

（1）因距离相等、形式相同的单元重复产生的韵律，如柱廊（见图4-18）、展窗等传统园林手法。

图4-18 扬州何园中回廊的韵律之美

（2）因不同形式的交替出现产生的韵律，如花窗的交替出现（见图4-19）。

图4-19 扬州何园中花窗的交替出现

 chapter 01
 chapter 02
 chapter 03
chapter 04
 chapter 05
chapter 06
 chapter 07

（3）竖向上的连续变化形成的韵律，有相互对比和衬托的效果。

2. 渐变

渐变即在变化的过程中通过节奏的递增和递减而形成的韵律，其带来的心理感受是一种逐渐增强或衰减的演变，相对较为温和。

3. 突变

突变即韵律节奏在横向、纵向的发展、变化中取得的韵律。此种手法看似无序，实则无序中仍需把握节奏的秩序，因此最为复杂。通常以某种节奏为主，以次要节奏为辅，加以变化，丰富空间效果。

> 🔊 **小提示**
>
> 在视觉艺术中，韵律是任何物体的诸元素系统进行重复的一种属性，而这些元素之间具有可以认识的关系。

（四）象征

象征是艺术创作的基本艺术手法之一，指借助于某一具体事物的外在特征，寄寓设计者的思想，或表达某种富有特殊意义的事理的创作手法。象征的本体意义（建筑）和象征的意义（被象征事物）之间本没有必然的联系，但通过设计者对本体事物特征的突出描绘，使欣赏者产生由此及彼的联想，从而领悟设计者所要表达的含义。另外，根据传统习惯和一定的社会习俗，选择人民群众熟知的象征物作为本体，可表达特定的意蕴，如红色象征喜庆，白色象征哀悼，喜鹊象征吉祥，乌鸦象征厄运，鸽子象征和平，鸳鸯象征爱情等。

象征这种建筑设计手法，可使抽象的概念具体化、形象化，可使复杂深刻的事理浅显化、单一化，还可以延伸描写的内蕴，创造一种意境以引起人们的联想，增强建筑的表现力和艺术效果。通常采用的具体的象征手法有直接性的拟生手法和间接性的隐喻手法。

1. 拟生

拟生指设计者对某种植物、动物甚至是商品较为钟爱，或者觉得这样的事物特征能够有效地表达园林建筑的内涵与趣味，因而往往采用直接复制的手法，按照一定的比例以建筑语言复制象征意义的特征，以求得设计的有机美感和形体的生动性。例如，某园林建筑设计者以海螺为象征意义展示生物的自然美（见图4-20）。

图4-20　某海螺造型的园林建筑

2.隐喻

隐喻指在明确象征意义的具体特征后,设计者以一种较为隐晦的设计手法抽象出具体的建筑语言,以局部传达的手法暗示象征意义。例如,某拟声建筑,设计者从腔肠生物得到启发,进而提炼出柔滑、平软的建筑语言,创造出梦幻般的内部空间。

(五)生态

当今全球环境问题愈演愈烈,在严峻的现实面前,人们不得不重新审视和评判我们现时奉为信条的功能主义、美学至上等建筑设计价值观,节能、环保、低消耗的生态建筑设计观念日益成熟。园林建筑设计中采用的生态手法,要求建筑以主动的方式节约能源,充分利用大自然的光能、风能、水能等天然能源,根据当地的生态环境条件,运用合理的生态技术组织安排能源、环境、建筑及其他相关因素之间的关系,使建筑和自然成为一个同命运、共呼吸的有机生态结合体。

🔊 **小提示**

生态建筑在满足功能需求的同时,具有良好的自我净化能力和生态调节能力,人、建筑与环境之间形成一个良性的生态循环系统。

大别山度假村(见图4-21)是大别山主峰景区内以全新的生态理念设计的绿色生态建筑群。这组建筑并没因影响生态平衡而与环境格格不入,反而因超越了单一文化限制而成为了文化差异体验的代表性建筑。生态化园林建筑的设计观念可通过低碳建筑材料的普及使用,设置庭院改善园林建筑的自然采光、通风状况以降低能耗,种植花草树木为建筑提供阴影和富氧环境空间,合理设置窗洞开启面积,有效利用太阳能(如安装太阳能电池板),消除没有自然通风和采光的暗房间等设计上的主动措施,为园林建筑降低能耗、减少污染、增强自动净化能力的生态化转型提供了帮助。

图 4-21 大别山度假村的生态建筑

(六)技术

这是一种在设计过程中较为注重建造技术,并以此为出发点进行设计的方法。园林建筑建造技术大体可分为三类:古典建筑技术、现代建造技术、新型建筑技术。

🔒 **小技巧**

古典建筑技术是以建筑材料进行区分的,分为木构技术和石构技术。这是因为古时木和石是人们能够掌握并了解性能的主要建筑材料。

我国木构建筑技术独树一帜,形成了成熟的建造体系,其本质是利用木材的柔性特点,以杠杆原理进行设计,并在不断发展的过程中通过化整为零的方式,以木构建筑各部件(见图4-22)的巧妙组合解决了木构建筑大空间的难题。石构建筑则是利用石材的刚性特点,以合理的受力形式进行设计,并在不断发展的过程中通过化零为整,以券的形式解决了石构建筑大空间的难题。二者都体现了古人的聪明才智,并在材料性能与建筑美观上达到了完美的境界。

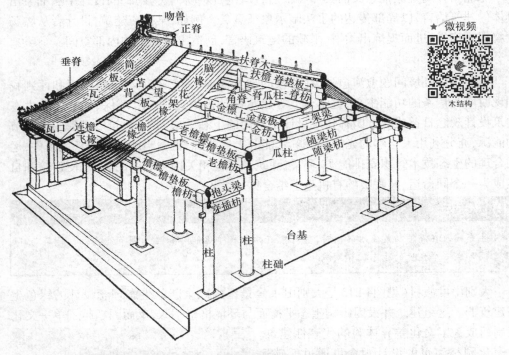

图4-22 中国木构建筑各部件名称(清代七檩硬山大木小式)

★微视频
木结构

💻 知识链接

现代工业发展后,人们发现了新型建筑材料:钢和混凝土。这两种材料也是现代社会最为普遍的建筑材料。钢和混凝土的使用迅速解决了全球快速发展情况下建筑建造周期、建造数量和使用要求的诸多难题,并使建筑形式和建造技术发生了彻底的改变。随着技术的日渐成熟,人们又拓展了这两种材料的使用性能,创造了许多巧妙的结构形式,如钢结构、悬挂结构、壳体结构、牵拉结构、预应力结构等。结构技术形式层出不穷,为建筑形式与功能的发展提供了广阔的空间。

随着科技的发展,人们发现了更多的建造材料,如橡胶、塑料、膜(见图4-23)、纤维、陶瓷、化工产品、再生材料等新型材料,以及传统材料的创新使用,并依据材料的不同性能发展了不同材料的建造技术,为园林建筑提供了更加广泛的创作空间。例如,充气结构形式的出现使建筑第一次完成了由气体进行承重的创举,碳素纤维使建筑在坚固的同时第一次轻盈了许多,拉索结构使园林建筑的支撑方式发生了改变(见图4-24)。如今随着能源危机的日益临近,各种节能、环保、可再生型材料发展迅速,各种新颖独特的建筑形式应运而生,为园林建筑的创作提供了史无前例的可能(见图4-25)。

★微视频
充气结构

图 4-23 上海陆家嘴中央绿地的膜结构

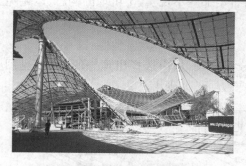

图 4-24 德国慕尼黑奥林匹克运动场

图 4-25 北京长城脚下的公社——竹屋

四、多方案比较与选择

（一）多方案构思的必要性

多方案构思是园林建筑设计的本质反映。中学的教育内容与学习方式在一定程度上造成了我们认识事物、解决问题的定式，即习惯于方法、结果的唯一性与明确性。然而对于园林建筑设计而言，认识和解决问题的方式是多样的、相对的和不确定的。影响园林建筑设计的客观因素众多，在认识和对待这些因素时，设计者任何细微的侧重都会导致产生不同的方案对策，因此只要设计者没有偏离正确的大方向，所产生的任何不同方案就没有简单意义的对错区分，而只有优劣之别。

多方案构思也是园林建筑设计的目的性所要求的。无论是对于设计者还是建设者，方案构思是一个过程而不是目的，其最终目的是取得一个优秀的实施方案。然而，我们怎样去获得一个理想而完美的实施方案呢？我们知道，要求一个绝对意义的"最佳"方案是不可能的。因为在现实的时间、经济以及技术条件下，我们不具备穷尽所有方案的可能性，我们所能够获得的只能是"相对意义"上的，即在可及的数量范围内的"最佳"方案。因此，唯有多方案构思是实现这一目标的可行方法。

另外，多方案构思是民主参与意识所要求的。让使用者和管理者真正参与到建设中来，是以人为本这一追求的具体体现，多方案构思所伴随而来的分析、比较、选择的过程使其真正成为可能。这种参与不仅表现为评价、选择设计者提出的设计成果，而且应该落实到对设计的发展方向乃至具体的处理方式提出质疑、发表见解，使方案设计这一行为活动真正担负其应负的社会责任。

（二）多方案构思的原则

为了实现方案的优化选择，多方案构思应坚持以下原则。

其一，应提出数量尽可能多、差别尽可能大的方案。供选择方案的数量以及差异程度是决定方案优化水平的基本尺码：差异性保障了方案间的可比较性，而适当的数量则保障了科学选择所需要的足够空间范围。为了达到这一目的，我们必须学会多角度、多方位地审视题目、把握环境，通过有意识、有目的地变换侧重点来实现方案在整体布局、形式组织以及造型设计上的多样性与丰富性。

其二，任何方案的提出都必须是在满足功能与环境要求的基础之上的，否则，再多的方案也毫无意义。因此应进行必要的筛选，否定那些不现实、不可取的构思，以避免造成时间和精力的无谓浪费。

（三）多方案的比较与选择

当完成多方案后，我们将展开对方案的分析比较，从中选择出理想的方案（见图4-26）。分析比较的重点应集中在以下三个主要方面（见表4-2）。

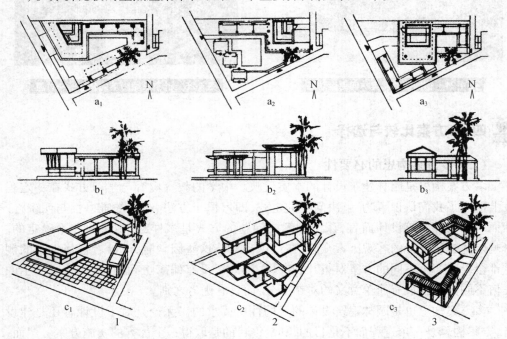

图4-26　阅览亭方案比较

1—方案Ⅰ；2—方案Ⅱ；3—方案Ⅲ；a—平面图；b—立面图；c—透视图

表4-2　多方案比较的主要方面

项目比较	主　要　内　容
设计要求的满足程度	是否满足基本的设计要求（包括功能、环境、结构等诸多因素）是鉴别一个方案是否合格的最低标准。一个方案无论构思如何独到，如果不能满足基本的设计要求，也绝不可能成为一个好的设计方案

续表

项目比较	主 要 内 容
个性是否突出	一个好的方案应该是特色鲜明、优美动人的,缺乏个性的方案肯定是平淡乏味、难以打动人的,因此也是不可取的
修改调整的可能性	虽然任何方案或多或少都会有一些缺点,但有的方案的缺陷尽管不是致命的,却是难以修改的,如果进行彻底的修改,不是带来新的更大的问题,就是完全失去了原有方案的特色和优势,对此类方案应充分重视其缺陷,以防留下隐患

对图 4-26 中的三个方案进行比较后,方案 Ⅱ 应为首选。它充分利用环境条件进行了合理的整体布局:小卖亭偏东北角,可兼顾人与货的交通方便和分流;休息区靠西南的小河旁,充分利用了最佳景观;通过中心绿地将小卖亭、廊与休息亭有机地结合为一个完整而开放的庭院空间,实现了整体的统一与变化,造型活泼。但小卖亭的平面设计有待调整。

3 学习单元3 完善阶段

知识目标

(1)了解园林建筑设计方案完善的内容;
(2)掌握方案的表达。

技能目标

(1)通过本单元的学习,能够掌握园林建筑设计的完善阶段;
(2)能够对园林建筑设计过程进行系统的表达。

基础知识

一、整体方案的完善

完善阶段是设计过程的最后阶段,是指设计方案基本确定后,在具体安排、细部设计及配套技术等方面做最后的调整,使建筑意象更加具体化,并用专业图示思维表现出来,形成最终的设计成果。此阶段是设计师通过详细的设计安排对园林建筑进行深加工的过程。在此阶段,设计师通过对设计方案的不断完善,使设计成果能够如实反映前期的设计思维和创意,使建筑更加具体化、形象化。这一过程大致可分为以下两个方面:其一是设计明细化,即确定建筑与环境的密切关系,确定建筑各功能布局的比例与组织,细化建筑体量、虚实等使用和美观上的具体做法,以及彼此的衔接和各部件的具体尺寸;其二是技术明确化,即协调各配套工种(结构、水、电、暖),选择恰当的设备和技术完善设计。

以上两个方面的完善,反映在设计上时需以具体的专业图纸进行表达,即在不断深化建筑设计的同时,与各专业相互协调、反复推敲,如实表达在建筑的总图以及平面、立面、剖面图之中。

(一)总平面的完善

根据园林建筑内部不同的功能和使用要求,反复推敲建筑、环境、交通三者之间的统一布局,主要就建筑入口、停车、交通组织与分流、室内外的过渡、室外活动场地、景观、服务区、设备场地进行统筹规划和安排,以满足场地整体景观格局的塑造及各项使用功能的完善。

(二)平面的深化

每一座园林建筑均由不同性质、内容、形态的房间组成,房间是构成建筑的基本空间。优秀的平面组织是设计深化的基础。深化平面即是对各个房间的尺寸、形状、比例、朝向、采光、通风、设备以及空间形态进行具体的安排与协调,其目的在于完善功能使用和空间形态,满足技术经济要求,使单个房间自身得到设计深化,同时反作用于全局,最终使整体设计得到提高。

平面的深化主要包含两方面的组织。其一是对平面空间的形态、大小和比例的设计,这主要取决于房间的实用功能、技术要求、使用者的人数及活动范围、家具与设备的数量和布置方式。其中房间的三维比例及开洞大小和位置是房间设计的关键,这需要设计者关注使用者的行为模式、人体工学尺度、行为心理感受、景观需求以及设备的详细尺寸,综合权衡以上因素,塑造一个合理引导行为、使用方便、尺度宜人、景观优良的空间形态。其二是对建筑整体平面的组合完善。在方案阶段,尽管已对建筑大的平面布局做了合理的安排,把握了设计的方向,但各空间之间的相互关系仍然需要做进一步的确认。在保持和强化原有功能安排和空间形态的基础上,设计者需从以下几个方面来思考和调整。

▌▌1. 从生活规律和工艺流程等既定秩序关系方面深化房间的安排

例如,茶室的房间组织必须以引导→饮茶→服务的流程进行设计,而餐厅的厨房则要以运输→粗加工→洗涤→精加工→配菜→烹调→备餐的工艺流程进行设计。

▌▌2. 按结构布置逻辑的要求推敲平面空间

在完善平面设计时,若有房间布局、面积、层高需要变动,则应在统一的结构体系中进行调整,一般需把握上大下小(即大空间置于小空间之上)、内大外小(即大空间置于小空间以内)的有利原则,以确保原有的结构逻辑关系。

▌▌3. 按空间序列变化的要求调整平面组合

在满足功能秩序以及结构逻辑要求的前提下,园林建筑平面组合还要进一步完善房间的衔接与过渡,以使人们在使用过程中的行为方式不被打断,并能充分感受建筑空间的艺术感染力。例如,通过将大小悬殊、差别显著、开敞程度不同的空间巧妙地组织在一起,使空间的强烈对比在人的心理中产生特殊的效果。也可通过庭院、连廊等过渡空间的使用,增进不同空间彼此间的贯穿、渗透,从而增强空间的层次感和流动感。

（三）剖面的深化

剖面是反映建筑空间竖向关联、结构支撑、技术要求以及建筑与外部环境关系的主要手段，其深化的主要内容包含以下三个方面。

1. 对基地地形的推敲

园林建筑大多构筑在具有一定高差的坡地上，其室内外高差关系要依地形而定，切忌与地形不符。虽然坡地对设计有所限定，但如果巧于利用地形，不但能使建筑与环境有机结合，而且能起到丰富内部空间形态的作用。

2. 空间塑造的完善

不同功能要求的层高不同或地形存在高差时，园林建筑常会有多个功能区标高不同的情况。在剖面深化设计的过程中，可通过错层的方式，利用踏步或者楼梯段把不同标高的建筑空间联系起来，此时竖向交通方式成为丰富空间的关键所在。此外，对于空间顶层界面形式、材料的推敲同样能够创造丰富的内部空间。

3. 技术要求与空间的巧妙结合

剖面设计深化的过程常常会遇到相关技术的特定要求。虽然各种结构厚度，通风、防水、抗震、抗变形等构造形式，管道、消防、设备等综合管线具有特定的距离、尺寸、安全规范等技术要求，但这些并不与剖面相矛盾，通过合理的规避和引导仍可巧妙地将其组织在空间的塑造中，使其成为空间的一部分，变不利为有利，进行积极的设计创造。

（四）立面的深化

在设计构思阶段，虽然我们对建筑的体量、组合、空间安排、形态处理做了大量的思考与设计，并为建筑立面形态确定了框架，但这一切尚不能完全代替立面深化推敲的设计任务。立面深化就是以三维时空的反复推敲，遵循建筑的使用需求以及美学原则与规律，详细考量建筑体量、造型、美观、采光、通风的表皮（立面）表达。

> **◀》小提示**
>
> 明确虚实、比例、材料、轮廓、细部、色彩、个性化的表达等具体的设计形式，使立面映射建筑的性质、内涵、特征，达到与设计思维、技术条件、平面内容、空间构成的完美结合。

1. 虚实处理

立面的虚实是针对行为或视线是否可以通过而言的，虚即是行为可以通过或视线可以穿透的部分，如洞口、廊、檐、玻璃面、透明材料等；实则是行为不能通过或视线不可以穿透的部分，如墙、柱、梁、非透明材料等。立面不同的虚实比重会带来不同的建筑效果。立面虚实设计就是结合建筑的功能需求（通风、采光、景观的要求），通过虚实的对比与组合，取得最能完美表达设计思维的建筑效果。通常而言，虚实比例在一个立面中不宜均等布置，更不能彼此毫不相干，需有主次之分，兼顾功能，彼此渗透，虚中有实，实中有虚。

2. 比例推敲

立面比例包含了立面外轮廓的整体比例、立面内各形式要素的自身比例关系，以及二者相互之间的比例关系。立面的比例很大程度上受到建筑功能、空间、形体、平面与剖面设计的制约。例如,园林建筑多规模较小,空间要求较为开阔,因此常常产生立面过于短粗的感觉,这就需要对立面进行调整,适当增加立面中虚的比例,以打破立面过于短粗带来的臃肿之感。通常采用出挑、叠加、重复(如飘窗、片墙)等细部处理手法,有时甚至会采用墙外有窗、窗外有墙的虚实变换的伪装手法进行整体调整,修正比例,以使立面达到设计思维中的建筑意境。

3. 材料深化

建筑外墙材料主要反映在立面之上,因此综合处理立面材料的质感、色彩、肌理、图案等,是塑造建筑的主要设计手段。并非一定要使用贵重的材料,关键在于材料的使用要恰到好处,才能达到和谐之美。很多情况下,反而是一些乡土的、生态的建筑材料的选择和运用,给园林建筑带来了地域和文化的独特性。

二、方案的表达

方案的表达是设计阶段的一个重要环节,其表达的内容不仅指设计成果图面文本的表达,还包含口头表达。表达得是否充分、是否美观、是否得当,不仅关系到方案设计的形象效果,而且直接影响方案的社会认可度。根据方案设计的不同阶段,方案的表达可划分为设计阶段的推敲表达和设计成果的最终表达。

🔒 小技巧

这一阶段不仅要靠设计师个人的思维优势,还要综合多方面的力量和智慧,共同完成设计成果。例如,解决技术问题时,可以征求结构、水、暖、电等专业人士的意见。但这些工作必须以建筑师为核心,在建筑师的把握下不断加以比较、综合,最终完成建筑设计工作。

(一)设计阶段的推敲表达

在最初构思阶段,应该画出大量的铅笔草图,让自己的思维在纸上留下痕迹,进行多方案的比较,为选择最佳方案做好充分的准备。随着设计工作的深入,草图的表达方法和深度也应做相应的配合。

一般来说,工作愈深入,图纸也应愈具体。当开始对原方案进行推敲修改时,可仍用草图纸进行拷贝修改,以便迅速做出比较,但工作进行到一定深度时,就应该使用工具画出比较正规的总平面、主要景点立面图或剖面图、主要植物配置图等。这等于将以前的工作进行一次整理和总结,使之建立在更可靠的基础上。同时还要画些更为具体的主要节点景观透视图,某些草图尚可绘出阴影或加上色彩进行推敲。如条件允许,还可做出工作模型,借以帮助进行深入推敲比较。

草图所用的比例尺

　　一般在方案比较阶段应采用小比例尺,这样可略去细节而有利于掌握全局。当进行深入推敲比较时,比例尺可逐步放大。有时为推敲某一细节,还可采用更大的比例尺,如建筑立面设计中某些重要的局部纹样等。在整个设计过程中,何时采用何种比例尺,何时采用徒手,何时使用工具,很难做具体的规定。能否正确地选用,常取决于设计者对园林建筑设计规律的掌握程度。熟能生巧,只有勤学、苦练,多摸索,才能正确掌握设计方法。

(二)设计成果的最终表达

　　设计成果的最终表达要求具有完整、明确、美观、得体的特点,以确保把方案所具有的构思、景观空间、风格特点充分展示出来,从而最大限度地赢得评判者的认可。因此,应高度重视这一阶段的工作。首先,在时间上要给予充分的保障;其次,要准备好各种正式底稿,包括配景、图题等;再次,要注意版面设计的美观性,包括整体排版的协调性、均衡性、色彩等;最后,要根据时间和自己的特长选择合适的表达方式(手绘或电脑或模型或三者的结合)。

　　以上两个阶段都要配合口头表达进行训练,以适应实际工作的需要。

学习案例

　　避暑山庄是由风景名胜妆点而成的风景式园林,是以人工美渗透自然美之中的具"野朴"情趣的山庄风景园。避暑山庄总面积约为 560 km²,山地占 3/4,湖区和平原地占不到 1/4,其中平原约占总面积的 9%。避暑山庄与颐和园、圆明园比较,是以山为宫、以庄为苑,其自然环境得天独厚、无比优越。山庄北面的外八庙呈众星拱月之势,加上周围多处风景点,使山庄规模更显宏大。避暑山庄号称七十二景,其实其风景点远远超过这个数目。

想一想

　　通过案例说一说园林建筑设计过程中的"立意"与"相地"之间的联系。

案例分析

　　园林建筑设计过程中的"立意"与"相地"是相辅相成的两方面。《园冶》云:"相地合宜,构园得体。"这是明代园林设计师计成提出的理论,他把"相地"看作园林成败的关键。古代"相地",即选择造园的园址。其主要含义为,园主经多次比较、选择,最后"相中"园主认为理想的地址。园主在选择园址的过程中,要把他的造园构思与园址的自然条件、社会状况、周围环境等诸多因素做综合的比较、筛选。因而不难看出,"相地"与"立意"是不可分割的,均是园林创作过程中的前期工作。

知识拓展

设计学院的起源与发展

20世纪初,在大工业迅速发展的推动下,欧洲各国的现代主义设计运动方兴未艾。格罗皮乌斯敏锐地意识到:应该建立新型的、专门的设计学院,以培养工业社会所需要的设计人才。他一再向政府提出创办以建筑设计为中心的设计专门学校的建议。终于,包豪斯(Bauhaus)于1919年4月1日在合并德国魏玛美术学院和魏玛工艺学校的基础上成立了,其德文全称为"Des Staatli-ches Bauhaus",即"公立包豪斯"。格罗皮乌斯把德文的建筑(bau)和房子(haus)两词合一而创造了"Bauhaus"(包豪斯),其含义是新型的建筑设计体系,但其设计教育内容包括了以建筑为中心的所有工业设计。格罗皮乌斯亲自拟定了《包豪斯宣言》,确定其设计宗旨是"艺术与技术的统一"。它是世界上第一所为培养现代设计人才而建立的学院,虽然仅存14年,但对德国乃至世界的现代设计及其教育的影响不可估量。它在理论和实践上奠定了现代设计教育体系,培养出了大批优秀的设计人才,成为20世纪初欧洲现代主义设计运动的发源地。

包豪斯经历了两个主要发展阶段:魏玛时期(1919—1924)和德索时期(1925—1933)。格罗皮乌斯(1919—1927年任职)是其创立者和第一任校长。第二任校长是迈耶(1927—1930年任职)。第三任校长是密斯·凡·德·罗(1931—1933年任职)。他们都是当时德国的著名建筑师、后来的现代主义设计先驱,对包豪斯的贡献极大。

包豪斯的主要教学内容是由艺术和技术构成的。其早期的教学体制可称为"工厂学徒制",学生的身份是"学徒工",担任艺术形式课程的教师称为"形式导师",担任技术、手工艺制作课程的教师称为"工作室师傅",每一门课都由这两种教师共同教授。学校还设立了木工、陶瓷、编织和印刷工作室,供学生实习,使其兼具艺术和技术能力。包豪斯最重要的成就之一是奠定了设计教育中平面构成、立体构成与色彩构成的基础教育体系,并以科学、严谨的理论为依据。

情境小结

本学习情境介绍了园林建筑设计的过程。由于园林建筑设计具有艺术性、技术性、科学性要求较高,以及设计的灵活度大等特点,因此,如何把握园林建筑设计方案的构思及设计方法是本章学习的难点。在学习中要灵活运用园林建筑设计的基本原理,多分析与借鉴优秀的园林建筑设计实例,注重在综合发挥园林建筑的生态效益、社会效益和经济效益的前提下,处理好设计方案中的主要矛盾。

学习检测

填空题

1. 场地人文肌理特征包括:_____、_____、_____、_____、_____、时代特征等。

2. 过去在园林建筑的建设程序中,_____阶段往往不为人所重视。

3. _____是方案设计过程中至关重要的一个环节。

4. 在剖面深化设计的过程中,可通过错层的方式,利用_____或者_____把不同标高的建筑空间联系起来,此时_____方式成为丰富空间的关键所在。

5. 对于草图所用的比例尺,一般在方案比较阶段应采用_____,这样可略去细节而有利于掌握全局。

选择题

1. ( )是否细致、综合考量设计要素是否全面,直接关系到设计的成败。

A. 准备工作　　　　　B. 现场勘查　　　　　C. 收集资料　　　　　D. 项目策划

2. ( )可以说是这一复杂过程的起点,它是设计的生命所在,是设计的灵魂。

A. 设计立意　　　　　B. 方案构思　　　　　C. 设计表达　　　　　D. 设计完善

3. 设计者以一种较为隐晦的设计手法抽象出具体的建筑语言,以局部传达的手法暗示象征意义。这种手法是( )。

A. 拟生　　　　　B. 借喻　　　　　C. 隐喻　　　　　D. 拟人

简答题

1. 简述园林建筑设计准备阶段中基地调查的主要内容。

2. 简要说明园林建筑设计中立意的构建包括哪些内容。

3. 简述方案构思的过程。

★ 测试题

选择题

★ 测试题

判断题

chapter 01

chapter 02

chapter 03

chapter 04

chapter 05

chapter 06

chapter 07

学习情境五

园林建筑的单体设计

情境引入

居住小区注重景观环境的建设,整体布局因势利导,充分结合周围环境,各个区域既相互独立又相互联系,并通过园林小建筑互相借景。如图 5-1 所示为深圳某小区内位于全园核心区域的方亭所在区域平面图。

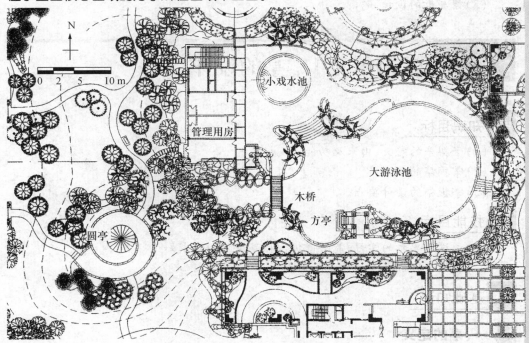

图 5-1 方亭所在区域平面图

1. 亭的选址

该亭位于游泳池的南面、住宅楼(30 层高)的北面,亭西侧是缓坡地形。亭前水面清澈,观赏视线开阔。

2. 亭的布局

亭南有条游园小路,故亭的入口设在南面,高出地面两个踏步。亭西通过几级台阶深入到水里,并设有不锈钢栏杆供人攀扶,北、东两面设置有坐凳供人们休息赏景。

3. 亭的形式选择

亭为木结构四角攒尖亭,四周通透。其顶覆灰瓦,木柱下部设置柱墩,表面贴虎斑花岗岩,体现亭的古朴自然。亭高 3.6 m,其中屋顶高 1.2 m,柱高 2.4 m,柱间距为2.2 m。

4. 亭的细部装饰

亭本身不追求过多装饰,力求简洁。亭顶木结构裸露在外,亭内坐凳用花岗岩制作。

◈ 案例导航

通过以上案例,帮助学生了解园林单体建筑,如亭、廊、榭、舫和楼阁等,使学生了解并掌握这些单体建筑的类型、构造特点及设计手法。

要了解园林建筑的单体设计的内容,需要掌握的相关知识有:

(1)亭的设计;

(2)廊的设计;

(3)榭与舫的设计。

1 学习单元1　亭的设计

📖 知识目标

(1)了解亭的定义、由来及功能;

(2)掌握亭的分类;

(3)掌握亭的设计要点。

◎ 技能目标

(1)通过本单元的学习,能够掌握园林亭设计的基本知识;

(2)能够合理选择亭的体量与形式。

📖 基础知识

一、亭的定义

亭,特指一种有顶无墙的小型建筑物,是供行人停留休息的场所。汉代许慎《说文解字》释名:"亭,人所安定也。"亭,在园林中是最为常见的建筑。无论在古典园林或在现代园林中,各式各样的亭子随处可见。

亭为园林建筑中最基本的建筑单元,园林中亭的功能主要是满足人们在游赏过程中驻足休憩、纳凉避雨、眺望景色的需要。亭的功能比较简单,因此在园林设计中,可以从满足园林空间构图的需要出发,灵活安排,最大限度地发挥它的艺术特点。如图5-2 所示为杭州"西湖天下景"亭。

图 5-2 杭州"西湖天下景"亭

chapter
01

chapter
02

chapter
03

chapter
04

chapter
05

chapter
06

chapter
07

二、亭的由来

亭在中国传统建筑中是很古老的形式之一。

汉代时,亭兼有驿站、旅舍和邮递等作用。到了唐代,亭的美学功能兴起,出现了风景亭和园林亭。随着社会的进步与园林事业的发展,不同功能的亭逐渐分离,具有实际使用功能的传递书信的邮递站与以观赏风景、点景为目的的建筑分离。自宋以后,亭基本上已没有多少实用功能了。明代计成在《园冶》中记载:"亭者,停也。所以停憩游行也。"此即指亭有停止的意思,主要满足游人休息、游览、观景、纳凉、避雨、极目远眺的需求。

亭的规模一般较小,容易建造,所费工料也不多,既具实际功能,又往往有很高的文化艺术价值,因而为园林、建筑行业普遍采用,几乎到了"无园不亭"的地步,有人甚至称"园林"为"园亭",称"庭院"为"亭院"。

三、亭的功能

园林中亭的功能有休息、赏景、点景和专用四种。

首先,亭有顶盖,可防日晒、避雨淋、消暑纳凉等,亭内可设置坐凳供游人驻足休息、聊天、下棋等。其次,亭柱之间通常无墙,向外开敞,由亭内可畅览周围景色,因而亭是园林中重要的观景建筑。再次,亭的屋顶变化丰富、造型优美,或凝重、或轻巧,能够适应各种风格特征园林的需要。而且亭在造型上相对较小,布置灵活,可与山、水、绿化结合起来组景,作为园林中"点景"的一种手段。

现代建亭的目的逐渐多样化,在使用功能上除满足休息、观景和点景的要求外,还适应园林中其他多种需要,如用于图书阅览、摄影服务,立碑文成纪念亭,以及从风水角度建风水亭等。但总的说来,亭子的纯粹实用意义逐渐被淡化,审美观赏价值逐渐被突出。

四、亭的分类

（一）按亭的平面形态分类

亭的平面形态是中国古典建筑平面形式的集锦,以一般建筑中常见的简单几何形态为最多,如正方形、矩形、圆形、正六边形、正八边形等。另外,也有许多特殊的平面形式,如三角形、五角形、扇形,甚至梅花形、海棠形等,如图5-3所示。在一些较大的空间环境中,经常运用两种以上几何形态组合来增加体量,甚至在某些特殊情况下,还采用一些不规则的平面形式,以适应地形的需要。亭的平面形态没有固定的形状,可以随地形、环境,以及功能要求的不同而灵活运用。

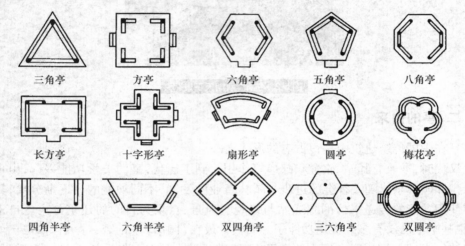

三角亭	方亭	六角亭	五角亭	八角亭
长方亭	十字形亭	扇形亭	圆亭	梅花亭
四角半亭	六角半亭	双四角亭	三六角亭	双圆亭

图5-3 亭的平面形态

1. 几何形亭

几何形亭包括三角亭、四角亭(方亭、长方亭)、五角亭、六角亭、八角亭、多角亭、圆亭及扇形亭等。

2. 半亭

半亭的平面一般呈完整亭平面的一半,如图5-4所示。

3. 仿生亭

仿生亭有睡莲形亭、梅花形亭、蘑菇亭(见图5-5)等。

图5-4 半亭

图5-5 蘑菇亭

4. 双亭

双亭的平面形式有双三角形、双方形、双圆形等,一般为两个完全相同的平面联结在一起,如图5-6所示。

图5-6 双亭

5. 组合式亭

组合式亭是亭与亭、廊(见图5-7)、墙、石壁等的组合。使用组合式亭的目的是追求体形的丰富与变化,寻求更完美的轮廓线。例如,组合式亭中,可把若干亭子按一定的构图规律排列起来,组成一个丰富的建筑群,形成层次丰富、体形多变的建筑形象和空间组合,给人们更为强烈的印象。

图5-7 亭廊组合

目前,随着社会的发展,现代园林也不断发展,亭的平面形式出现了许多新的样式,多为各种不规则的图形,称为现代亭,如图5-8所示。

图5-8 现代亭

（二）按亭的屋顶形式分

亭按屋顶形式分为单檐亭、重檐亭、三重檐亭等。就亭顶而言，以攒尖顶亭为多，还有歇山顶亭、悬山顶亭、盔顶亭等。近些年来使用钢筋混凝土做平顶亭、各种仿生顶亭较为广泛。各种屋顶形式亭立面图如图5-9所示。

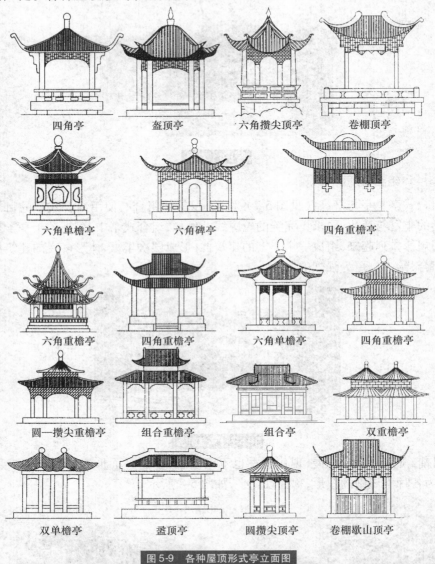

四角亭　　　　盔顶亭　　　　六角攒尖顶亭　　　卷棚顶亭

六角单檐亭　　　　六角碑亭　　　　四角重檐亭

六角重檐亭　　四角重檐亭　　六角单檐亭　　四角重檐亭

圆—攒尖重檐亭　　组合重檐亭　　组合亭　　双重檐亭

双单檐亭　　　　盝顶亭　　　　圆攒尖顶亭　　卷棚歇山顶亭

图5-9　各种屋顶形式亭立面图

🔊 小提示

屋顶的檐角一般反翘。北方起翘比较轻微，显得平缓持重；南方戗角兜转耸起，如半月形，翘得很高，显得轻巧飘逸。

（三）按亭的材料分类

任何建筑都是人们凭借一定的材料创造出来的，而材料的特性也必然会对建筑的造型风格产生影响。所以，亭的造型也在一定程度上取决于所选用的材料。由于各种材料性能的差异,因此不同材料建造的亭有非常显著的不同特色,而同时也必然受到所用材料特性的限制。

1. 木亭

中国古建筑是木结构体系的建筑,所以亭也大多是木结构的。木结构的亭以木构架琉璃瓦顶和木构架黛瓦顶两种形式最为常见。前者为皇家建筑和唐朝宗教建筑中所特有的,富丽堂皇,色彩浓艳;而后者则是中国古典亭榭的主导,或质朴庄重,或典雅清逸,遍及大江南北,是中国古典亭的代表形式。如图5-10所示为苏州乳鱼亭,其梁架有明式彩绘,为苏州现存较少的明式木亭。此外,木结构的亭也有做成片石顶、铁皮顶和灰土顶的,不过比较少见,属于较为特殊的形式。

★ 微视频

乳鱼亭

图 5-10 苏州乳鱼亭

2. 石亭

以石建亭,在我国也相当普遍,现存最早的亭就是石亭。例如,唐初建造的湖北黄梅破额山上的鲁班亭,就是全部以石材仿造木结构的斗拱、梁架而建造的。庐山秀峰前的两座分别建于宋代和元代的石亭也是如此。明清以后,石亭逐渐摆脱了仿木结构的形式,突出了石材的特性,构造方法也相应地简化,造型质朴、厚重,出檐平短,细部简单。有些石亭甚至简单到只用四根石柱顶起一个石质的亭盖。这种石块砌筑的亭,简洁古朴,表现了一种坚实、粗犷的风貌。而有些石亭,为追求错彩镂金、精细华丽的效果,仍然以石仿木雕刻斗拱、挂落,屋顶用石板做成歇山、方攒尖和六角攒尖等。南方一些石亭还做成重檐,甚至达到四层重檐,镂刻精致,富有江南轻巧而不滞重的特点。

 小技巧

> 早期的石亭大多模仿木结构的做法,其斗拱、月梁、明栿、雀替、角梁等皆以石材雕琢而成。

3. 砖亭

砖亭往往有厚重的砖墙,如明清陵墓中所用。但它们仍是木结构的亭,砖墙只不过是用以保护梁、柱及碑身,并借以产生一种庄重、肃穆的气氛,而不起结构承重作用。真正以砖做结构材料的亭,都是采用拱券和叠涩技术建造的。北海团城上的玉瓮亭和安徽滁县琅琊山的怡亭,就是全部用砖建造起来的砖亭。与木构亭相比,其造型别致,颇具特色。

chapter 01
chapter 02
chapter 03
chapter 04
chapter 05
chapter 06
chapter 07

4. 茅亭

茅亭是各类亭的鼻祖,源于现实生活。山间路旁歇息避雨的休息棚、水车棚等即是茅亭的原形。此类亭多用原木稍事加工以为梁柱,或覆茅草,或盖树皮,一派天然情趣。由于它保留着自然本色,颇具山野林泉之意,所以备受清高风雅之士的赏识。唐朝诗人常建曾留有"茅亭宿花影,药院滋苔纹。余亦谢时去,西山鸾鹤群"的诗句,赞其清雅俊秀之情。不仅山野之地多筑茅亭,就是豪华的宅第和皇宫禁苑内,也都建有茅亭,以追求"天然去雕饰"的古朴、清幽之趣。

5. 竹亭

用竹作亭,唐代已有。独孤及曾作有《卢郎中寻阳竹亭记》:"伐竹为亭,其高,出于林表。"到后来,桥亭亦有以竹为之者。《扬州画舫录》中载:"梅岭春深即长春岭,在保障湖中。岭在水中,架木为玉板桥,上筑方亭。柱、栏、檐、瓦皆镶以竹,故又名竹桥。"可见竹亭应用之广。

由于竹不耐久,存留时间短,所以遗留下来的竹亭极少。现在的竹亭多用绑扎辅以钉、铆的方法建造。而有些竹亭,梁、柱等结构构件用木,外包竹片,以仿竹形,其余坐凳、椽、瓦等则全部用竹制作,既坚固,又便于维护。

6.钢筋混凝土结构亭

随着科学的进步,使用新技术、新材料建亭日益广泛。用钢筋混凝土建亭主要有三种方式:第一种是现场用混凝土浇筑,其结构比较坚固,但制作细部比较浪费模具;第二种是用预制混凝土构件焊接装配;第三种是使用轻型结构,顶部用钢板网,上覆混凝土进行表面处理。

7. 钢结构亭

钢结构亭在造型上可以有较多变化,在北方需要考虑风压、雪压的负荷。另外屋面不一定全部使用钢结构,可使用与其他材料相结合的做法,形成丰富的造型。例如,北京丽都公园六角亭,高6.45 m,柱间距4.0 m。

五、亭的设计要点

每个亭都有其不同的特点,设计不应千篇一律。首先,亭的造型应多种多样,不论是单体亭还是组合亭,其平面构图都应完整,屋顶形式也应丰富,从而构成绚丽多彩的体态,加上精美的装饰和细部处理,使亭的造型尽善尽美。其次,亭在设计时要根据周围环境、整个园林布局及设计者的意图等进行设计。具体设计时要考虑以下几个方面的问题。

(一)亭的位置选择

亭的基址选择总的原则是:从功能要求出发,或点景,或赏景,或休憩,应有明确的目的,进而结合园林环境,因地制宜,根据基址特点,配合恰当的造型,发挥其最大的作用。明代计成在《园冶》一书中讨论到亭的位置时说:"亭胡拘水际,通泉竹里,按景山颠,或翠筠茂密之阿,苍松蟠郁之麓;或借濠濮之上,入想观鱼;倘支沧浪之中,非歌濯足。亭安有式,基立无凭。"这里指的花间、水际、山巅、泉流水注的溪涧、苍松翠竹的山上等都是具有不同情趣的自然环境,有的可以纵目远眺,有的幽僻清静。从古到今,亭的位置选择都较为灵活,可山地建亭,可临水建亭,也可平地建亭。

🔊 小提示

亭子位置的选择,一方面是为了观景,以便游人驻足休息、眺望;另一方面是为了点景,即点缀景色。

1. 山地建亭

山地建亭,适于登高远望,眺览的范围大、方向多,视野开阔,并能突破山形的天际线,丰富山形轮廓,使得山更加富有生气,同时也为游人提供休息和赏景的场所。山地设亭应选凸出处,这样不致遮掩前景,又可引导游人。我国著名的风景游览胜地常在山上最佳的观景点设亭。另外,山上建亭还能控制全园景区,丰富园林的空间构图。对不同高度的山,建亭的位置有所不同。如图 5-11 所示为北京故宫御花园内堆秀山上御景亭,其设在墙体之上,不仅可以观赏到全园的景致,也可将园外的景致尽收眼底,是清代帝王嫔妃休闲观景的好去处。

图 5-11 北京故宫堆秀山御景亭

(1)小山建亭。小山高度一般为 5 ~ 7 m,一般是人工所建的假山,此处建亭常在山顶,以增加山的高度与体量,兼能丰富山体轮廓。但一般不宜建在山体的几何中心,以避免构图呆板或单调。

(2)中等山建亭。宜在山脊、山腰或山顶设亭,亭应有足够的体量或成组设置,以取得与山形体量协调的效果。

(3)大山建亭。一般在山腰台地或次要山脊设亭,亦可将亭设在山道坡旁,以突显局部山形地势之美,并有引导游人的作用。大山设亭要避免视线受树木的遮挡,同时还要考虑游人的行程,应有合理的休息距离。

2. 临水建亭

在我国园林中,水是重要的构成要素,水面或开阔,或舒展,或明朗,或流动,有的幽深宁静,有的碧波万顷,情趣各异。因此,园林中常结合水面设亭。要求亭尽量贴近水面、伸入水面,最好是三面临水或四面临水。临水亭的造型宜低不宜高。其体量的大小要根据所处水面的大小而定。在小岛上、湖心台基上、岸边临水设亭,体量宜小。在桥上设亭,能够划分空间,增加水面空间层次,丰富湖岸景色,使水面锦上添花,又可保护桥体结构,还能起交通作用,但要注意与周围环境协调。杭州西湖临水亭如图 5-12所示。

图 5-12 杭州西湖临水亭

3. 平地建亭

平地建亭以休息、纳凉、游览为主要目的,视点要低,避免平淡、闭塞,应尽量结合山石、树木、水池等,构成各具特色的景观效果。平地建亭通常位于道路的交叉口上,林荫之间,花木、草坪、山石之中,形成有特点的空间环境。但不要设在通车干道上,宜设在路的一侧或路口,以免堵塞交通。在主要景区的前方筑亭,还可作为一种标志。此外,廊间重点或尽端转角等处也可用亭来点缀。兰州白河公园平地亭如图5-13所示。

图5-13　兰州白河公园平地亭

除此之外,还可结合园林中的巨石、洞穴、丘壑等各种特殊地形地貌设亭,可取得更为奇特的景观效果。总之,亭的位置选择是灵活的,即所谓的"造亭无定式"。

(二)亭的造型

亭的造型多种多样,一般小而集中,独立而完整,玲珑而轻巧活泼,其特有的造型增加了园林景致的画意。亭的造型主要取决于其平面形状、平面组合及屋顶形式等。

> 🔒 **小技巧**
>
> 亭在设计时要各具特色,不能千篇一律;要因地制宜,并从经济和施工角度考虑其结构;要根据民族的风俗、爱好及周围的环境来确定其色彩。

在造型上要结合具体地形、自然景观和传统设计,并以其特有的娇美轻巧、玲珑剔透的形象与周围的建筑、绿化、水景等结合,构成园中一景。

(三)亭的体量及比例

亭的体量随意,大小自立,但一般较小,要与周围环境相协调。亭在周围环境中既可作为园林主景,也可形成园林局部小品。亭的直径一般为3~5 m,例如,郑州花园口事件记事广场碑亭,为了突出该广场的纪念意义,在造型上古典庄严,为仿木结构,尺度较大(见图5-14)。在中国古典园林中,现存最大的亭是颐和园的廊如亭,其为八角重檐攒尖亭,面积约130 m²,高约20 m,与十七孔桥和龙王庙相协调(见图5-15)。而苏州园林中有些亭为了与狭小的环境相适应,有意缩小尺度,有的甚至只能容下一个人。

★ 微视频

廊如亭

图 5-14　郑州花园口事件记事广场碑亭　　　　图 5-15　颐和园廊如亭

🔊 **小提示**

　　在古典形式亭的造型上,屋顶、亭身及开间三者在比例上有密切联系,其比例是否恰当,对亭的造型影响很大。

　　一般情况下,亭子的屋顶高度是由屋顶构架中每一步的举高来确定的。如果亭子的每一步举高不同,则即使柱高等下部完全相同,屋顶高度也会发生变化。根据我国南北方的不同,其举高存在差异。根据类型的不同及环境因素的不同,其比例变化较大。

▮▮ 1. 屋顶(含宝顶)与柱高比

　　南方亭的屋顶与柱高比为 1.2:1 ~ 1.5:1,北方亭的屋顶与柱高比为 1:1 左右。亭顶与亭柱的比例关系如图 5-16 所示。

保定人民公园六角亭　　　北京乾隆花园四角亭　　承德避暑山庄莺啭乔木亭（六角）　北京北海昆邱亭（八角）

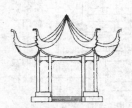

苏州狮子林六角亭　　　苏州拙政园荷风四面亭（六角）　　　杭州苏堤八角亭

图 5-16　亭顶与亭柱的比例关系

▮▮ 2. 开间与柱高比

　　四角亭为柱高:开间 = 0.8:1,六角亭为柱高:开间 = 1.5:1,八角亭为柱高:开间 = 1.6:1,圆亭为柱高:开间 = 1.6:1。

chapter 01
chapter 02
chapter 03
chapter 04
chapter 05
chapter 06
chapter 07

3. 柱径

北方亭柱径一般为柱高的 1/12 ~ 1/10，南方亭柱径一般为柱高的 1/17 ~ 1/12。

(四)亭与环境的有机结合

亭的环境一般指园林中可视范围内的硬质景观。亭的体量、形态、质地、色彩等不仅是亭自身审美功能的需要，在很大程度上也需要服从于周围环境、景观的平衡制约关系。因而建亭要考虑以下几点。

(1)亭所在空间的性质是娱乐空间、观赏空间还是综合性空间，是某个空间的开始还是某两个空间的分隔与联系。

(2)与各种造园元素的有机搭配。山、水、路、植物及地形对亭的影响很大，如亭子一般设置在两条景观路的交叉口，而不是两条弯曲小路的交叉口。

(3)四季气候的变化影响亭的色彩、材质和形式等。若雨季较长，则亭顶必须密实，不能采用镂空的形式；若夏季气温较高，则应少用金属和玻璃制亭。

(4)微气候的影响。若常年处于阴影区，则木亭比石亭适用；若北风较强，则可在亭柱间设漏墙以减弱风势。

(五)亭的细部装饰

亭在装饰上繁简皆宜，可以精雕细琢，构成花团锦簇之亭；也可以不施任何装饰，构成简洁质朴之亭。例如，北京中山公园的松柏交翠亭，斗拱彩画，全身装饰，色彩艳丽，可谓富丽堂皇之亭；而成都杜甫草堂中的茅草亭则质朴大方、素雅、简洁，别具一格。还有一些亭，外形以自然树皮、竹壳装饰，更具淡雅之调。故亭在装饰风格上可谓"淡妆浓抹总相宜"。某单檐四柱古亭设计图如图 5-17 所示。

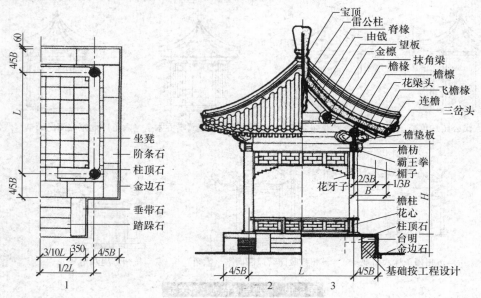

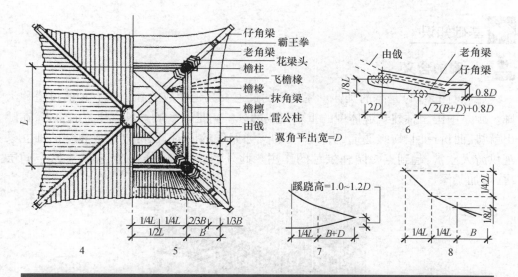

图 5-17 某单檐四柱古亭设计图(单位:mm)
1—平面;2—立面;3—剖面;4—屋顶平面;5—梁架平面;6—角梁详图;7—翼角起翘比例;8—举折比例
注:B 一般为 H 的 3/10,但不应大于檐檩与金檩的水平中距

一般情况下,宝顶宜长不宜短。矮小的宝顶使亭的形象大为逊色,高耸的宝顶使亭的造型挺拔俊美。

屋脊要具有一定的高度,线脚要分明,曲线要舒展、饱满有力,以增加形象上展翅欲飞之势。

梁枋下设置精巧的挂落,其玲珑活泼,能使亭的造型更丰富多彩。

亭柱之间设置栏杆座椅,座椅可建为舒适美观的美人靠。其不仅可为游人提供休息的地方,而且丰富了亭的立面效果,增强了亭的艺术性。

有的亭柱间设置漏窗,其能够增加空间层次、丰富景观效果。扇形亭经常设置漏窗。

在亭上悬挂各种牌匾和对联,镶立碑刻,赋予亭以文化内涵,也是装饰亭的一种手段。牌匾、楹联能为亭增色,强化主题,使其韵味无穷。

2 学习单元2 廊的设计

知识目标

(1)了解廊的定义及功能;
(2)掌握廊的基本类型;
(3)掌握廊的尺度要求与设计要点。

技能目标

(1)通过本单元的学习,能够掌握园林建筑中的廊设计的基本知识;
(2)能够根据不同的环境特点进行廊的设计。

基础知识

一、廊的含义

廊(见图 5-18)是亭的延伸。屋檐下的过道及其延伸成的独立的有顶的过道称为廊。廊是中国园林建筑群体中的重要组成部分。它是联系风景景点建筑的纽带,在随山就势、曲折迂回、蜿蜒逶迤,引导多变的交通路线的同时,也可以组成完整的独立景观供游人欣赏,起到点缀园林景色的作用。此外,它还可划分景区空间,丰富空间层次,增加景深。

图 5-18　廊

二、廊的功能

(一)连接单体建筑

廊自从在园林中被运用以来,形式日益丰富。尤其在古典园林中,如果将整个园林作为"面",亭、榭、轩、馆等建筑单体作为"点",那么廊即为"线"。正是通过这些"线",才把各分散的"点"联系成有机的整体,并与山石、水体、植物等相配合,从而在园林"面"的范围内形成一个个独立且富有特色的空间环境。

🔊 **小提示**

中国木构架体系的建筑物,平面形状一般比较简单,通过廊、墙把一个个建筑单体连接起来,可以形成空间层次丰富多变的建筑群体。

(二)分隔并围合空间

廊是园林中分隔空间的一种重要手段。其作为一种较"虚"的建筑元素,在一边透过廊的内部可观赏另一边的景色,具有丰富和变幻空间层次的作用。廊即使依墙而设,也极尽曲折,通常形成小天井,再栽竹置石构成小景,使人有不尽之感。廊分隔空间的同时也围合空间,围中有透。

🔒 **小技巧**

江南古典园林中常用此法,巧妙地创造出各种相互交融的小庭园,流畅生动,在非常有限的范围内创造出"庭院深深"的空间效果。

（三）引导空间

廊通常布置在园林建筑单体或观赏点之间，是空间联系的一种重要手段，起到通道的作用。人们依廊而行，既可避日晒雨淋，又可休憩赏景。尤其是赏景，由于长廊曲折错落且通透开敞，易于和廊外空间结合，列柱、挂落可构成框景，因此可将园内景色空间组织在连续的时间序列中，使景色更富有时空的变化，达到步移景异之效，对风景的展开和观赏路线的组织起着重要作用。同时，虚实结合的建筑结构还可以产生一种半明半暗、半室内半室外的效果，在心理上给人一种空间过渡的感受。

（四）展览功能

廊具有系列长度的特点，适合一些展览的要求。古代常在廊的一面墙上展出书法、字画、石刻等。现代园林除此之外，还经常在廊的一面墙上开设橱窗，展出工艺品、雕塑、科普、模型等，也有用花格博古架展出花卉、盆景等，形式多样，颇受游人欢迎。

三、廊的类型与特点

廊的类型丰富多样，其分类方法也较多。例如，按廊的位置可分为平地廊、爬山廊、水廊；按平面形式可分为直廊、曲廊、抄手廊、回廊；按廊的横剖面可分为双面空廊、单面空廊、双层廊、暖廊、复廊、单支柱廊等形式。其中最基本、运用最多的是双面空廊。廊的基本类型如图 5-19 所示。

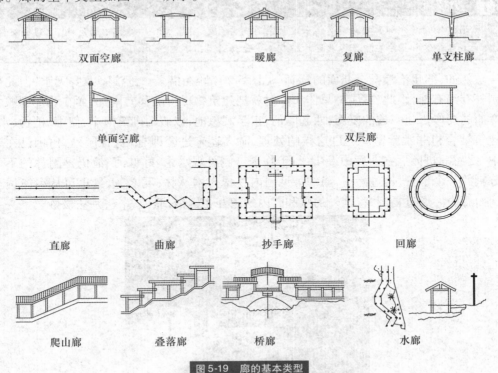

图 5-19 廊的基本类型

（一）双面空廊

双面空廊是只有屋顶用柱支撑，四面无墙的廊。其用于园林中，既是通道，又是游览路线，既能两面观赏，又能在园中分隔空间，是最基本、运用最多的廊。不论是在风景层次深远的大空间中,或是在曲折灵巧的小空间中均可运用。

🔊 **小提示**

廊两边景色的主题可不同,但当人们顺着廊这条导游线行进时,必须有景可观,如北京颐和园的长廊、苏州拙政园的"小飞虹"、北京北海公园濠濮间爬山游廊等。

(二)单面空廊

在双面空廊一侧列柱间砌有实墙或半空半实墙的,就形成了单面空廊。单面空廊一边面向主要景色,另一边沿墙或附属于其他建筑物。其相邻空间有时需要完全隔离,则做实墙处理;有时宜添次要景色,则须隔中有透、似隔非隔,透过空窗、漏窗、什锦灯窗、格扇、空花格及各式门洞等,可见几竿修篁、数叶芭蕉、二三石笋,得为衬景,也饶有风趣。其屋顶有时做成单坡形状,以利排水,形成半封闭的效果。

(三)复廊

复廊又称为"内外廊",是在双面空廊的中间隔一道装饰有各种式样漏窗的墙,或者两个有漏窗之墙的单面空廊连在一起而形成。因为复廊内分成两条走道,所以复廊的跨度一般要宽一些,从廊的这一边可以透过空窗看到廊那一边的景色,两边景色互为因借。这种复廊要求在廊两边都有景可观,而景观又在各不相同的园林空间中。

🔒 **小技巧**

通过墙的划分和廊的曲折变化来延长交通线的长度,可增加游廊观赏中的乐趣,达到小中见大的目的。这种手法在中国古典园林中有不少优秀的运用实例。

例如,苏州沧浪亭东北面的复廊(见图5-20)妙在借景。沧浪亭本身无水,但北部园外有河有池,因此,在园林总体布局时就把建筑物尽可能移向南部,而在北部则顺着弯曲的河岸修建空透的复廊,西起园门,东至观鱼池,以假山砌筑河岸,使山、植物、水、建筑结合得非常紧密。经过这样的处理,游人还未进园即有"身在园外,仿佛已在园中"之感。进园后在曲廊中漫步,行于临水一侧可观水景,好像河、池仍是园林的不可分割的一个部分,透过漏窗,隐约可见园内苍翠古木丛林;反之,水景也可从漏窗透至南面廊中。通过复廊,将园外的水和园内的山互相因借,联成一气,手法极妙。

图5-20 苏州沧浪亭东北面的复廊

苏州怡园复廊(见图5-21)取意于沧浪亭。沧浪亭是里外相隔,怡园是东西相隔。

怡园以复廊为界,东部是以"坡仙琴馆""拜石轩"为主体建筑的庭园空间;西部则以水石山景为园林空间的主要内容。复廊的穿插划分了这两个大小、性质各不相同的空间环境,使其成为怡园的两个主要景区。

图 5-21 苏州怡园复廊

(四)双层廊

双层廊又称为楼廊,有上、下两层,便于联系不同高程上的建筑和景物,增加廊的气势和观景层次。同时,它富有层次上的变化,也有助于丰富园林建筑的体型轮廓。例如,扬州的何园(见图 5-22),用双层折廊划分前宅与后园空间,楼廊高低曲折,回绕于各厅堂、住宅之间,成为交通纽带,经复廊可通全园。双层廊的主要一段取与复道相结合的形式,中间夹墙上点缀着什锦空窗,颇具生色。园中有水池,池边安置有戏亭、假山、花台等。通过楼廊的上下立体交通可多层次地欣赏园林景色。

★ 微视频

扬州何园

图 5-22 扬州何园的双层廊

(五)单支柱廊

近年来由于采用钢筋混凝土结构,加上新材料、新技术的运用,单支柱廊也运用得越来越多。其屋顶两端略向上反翘,或作折板,或作独立几何状,连成一体,落水管设在柱子中间。其造型各具形态,体型轻巧、通透,是新建的园林绿地中备受欢迎的一种形式。

(六)暖廊

暖廊是设有可装卸玻璃门窗的廊,既可以防风雨,又能保暖隔热,最适合气候变化大的地区及有保温要求的建筑或联系有空调的房间,如为植物盆景等展览用的廊,一般性的园林较少使用。

四、廊的设计要点

(一)廊的选址

在平地、水边、山坡等不同的地段上建廊,由于地形与环境的不同,其作用与要求也各不相同。廊的建筑位置与特点如表5-1所示。

表5-1　廊的建筑位置与特点

廊的位置	说明	举例
平地建廊	在园林中的小空间或小型园林建廊,常沿界墙及附属建筑以"占边"的形式布置。形式上有在庭园的一面、二面、三面和四面建廊的,在廊、墙、房等围绕起来的庭园中部组景,形成兴趣中心,易于形成四面环绕的向心式布置格局,以争取中心庭园的较大空间	
水边或水上建廊	在水边或水上所建的廊一般称为水廊,其供欣赏水景及联系水上建筑之用,形成以水景为主的空间。水廊有两种布置形式。一种是位于岸边,其布置要点为:廊基一般紧接水面,廊的平面也大体贴紧岸边,尽量与水接近。一种是凌驾于水上,其布置要点为:以露出水面的石台或石墩为基,廊基一般宜低不宜高,最好使廊有底板,尽可能贴近水面	
桥廊	桥廊在我国很早就开始使用,它与桥亭一样,除供休息、观赏外,对丰富园林景观也起着很突出的作用。桥廊的造型在园林中比较特殊,它横跨水面,在水中形成倒影而别具风韵,引人注目	
山地建廊	山地建廊可供游人登山观景和联系山坡上下不同高程的建筑物之用,也可借以丰富山地建筑的空间构图。爬山廊有的位于山之斜坡,有的依山势蜿蜒转折而上。廊的屋顶的基座有斜坡式和层层跌落的阶梯式两种	

(二)廊的造型设计

1. 平面设计

根据廊的位置和造景需要,廊的平面可设计成直廊、弧形廊、曲廊、回廊及圆形廊等。

2. 立面设计

廊的立面基本形式有悬山顶廊、歇山顶廊、平顶廊、折板顶廊、十字顶廊、伞状顶廊等。在做法上,要注意以下几点。

(1)为开阔视野,四面观景,立面多选用开敞式的造型,以轻巧玲珑为主。在功能上需要私密的部分,常常加大檐口出挑,形成阴影。为了开敞视线,亦有用漏明墙处理。

(2)在细部处理上,可设挂落于廊檐,下设高1 m左右之栏。还可在廊柱之间设0.5~0.8 m高的矮墙,上覆水磨砖板,以供休憩,或用水磨石椅面和美人靠背与之匹配。

(3)廊的吊顶:传统式的复廊、厅堂四周的围廊,吊顶常采用各式轩的做法。现今园中之廊一般已不做吊顶,即使采用吊顶,其装饰亦以简洁为宜。

📖 知识链接

在廊的立面造型设计中,廊柱非常重要。面对同样大小的柱子,人会产生错觉,会感到方形比圆形大3/4。因而廊的开间过窄时,方柱柱群组成的空间会有截然分隔之弊。同时为防止伤及行进中的游人,即便采用方柱,亦应将方柱柱边棱角做成圆角海棠形或内凹成小八角形,这样在阳光直射下,可减小视觉上的反差。圆柱或圆角海棠柱光线明暗变化缓和,可使廊显得浑厚流畅,线条柔和,亲切宜人。

(三)廊的体量尺度

廊是以相同单元"间"所组成的,其特点是有规律的重复、有组织的变化,从而形成了一定的韵律,产生了美感。廊的尺度设计要点如下。

(1)廊的开间不宜过大,宜在3 m左右,柱距3 m左右,一般横向净宽在1.2~1.5 m。现在一些廊宽常为2.5~3.0 m,以适应客流量增长后的需要。

(2)檐口底皮高度为2.4~2.8 m。

(3)廊顶:平顶、坡顶、卷棚均可。不同的廊顶形式会影响廊的整体尺度,可根据不同情况选择。

(4)廊柱:一般柱径$d=150$ mm,柱高为2.5~2.8 m,柱距3 000 mm。方柱截面控制在150 mm×150 mm~250 mm×250 mm,长方形截面柱长边不大于300 mm。截面的形状有三种:普通十字形、八角形、海棠形(见图5-23)。

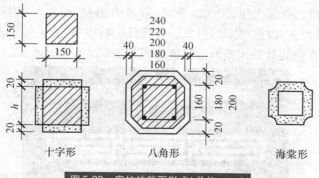

图 5-23　廊柱的截面形式(单位:mm)

(四)运用廊分隔空间

　　在园林设计中常用廊来分隔空间,其手法或障或漏。我国园林崇尚自然,因此在设计时要因地制宜,利用自然环境,创造各种景观效果。在平面形式上,可采用曲折迂回的办法(即曲廊的形式)来划分大小空间,增加平面空间层次,改变单调的感觉。但要曲之有理、曲而有度,不能为曲折而曲折,让人走冤枉路。

(五)出入口的设计

　　廊的出入口一般布置在廊的两端或中部某处。出入口是人流集散的主要地方,因此我们在设计时应将其平面或空间适当扩大,以尽快疏散人流,方便游人的游乐活动。在立面及空间处理上应对其做重点装饰,强调虚实对比,以突出其美观效果。

(六)内部空间处理

　　廊的内部空间设计是廊在造型和景致处理上的主要内容,因此要将其内部空间处理得当。廊是长形观景建筑物,一般为狭长空间,尤其是直廊,空间易显得单调,所以可把廊设计成曲廊,使其内部空间产生层次变化;可在廊内适当位置做横向隔断,在隔断上设置花格、门洞、漏窗等,使廊内空间增加层次感、深远感。在廊内布置一些盆树盆花,不仅可以丰富廊内空间变化,还能增加游人的游览兴趣;在廊的一面墙上悬挂书法、字画,或装一面镜子以形成空间的延伸与穿插;要有动与静的对比,因此廊要有良好的对景,道路要曲折迂回,以产生扩大空间的感觉;将廊内地面高度升高,可设置台阶,以丰富廊内空间变化。

(七)装饰

　　廊的装饰应与其功能、结构密切结合。廊檐下的花格、挂落在古典园林中多采用木制,雕刻精美;而现代园林中则多简洁坚固。在休息椅凳下常设置花格,与上面的花格相呼应,构成框景。另外,在廊的内部梁上、顶上可绘制苏式彩画,以丰富游廊内容。

　　在色彩上,因循历史传统,南方与北方大不相同。南方廊为与建筑配合,多以灰蓝色、深褐色等素雅的色彩为主,给人以清爽、轻盈的感觉;而北方廊多以红色、绿色、黄色等艳丽的色彩为主,以显得富丽堂皇。在现代园林中,较多采用水泥材料,色彩以浅色为主,以取得明快的效果。弧形廊外檐彩画如图5-24所示。

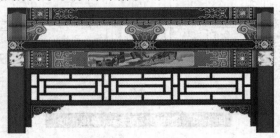

图 5-24　弧形廊外檐彩画

五、廊的结构设计

（一）木结构廊

木结构廊（见图5-25）多为斜坡顶梁架，其结构简单，梁架上为木椽子、望砖和青瓦，或用人字形木屋架，筒瓦、平瓦屋面。有时由于仰视要求，可用平顶部分或全部掩盖，以获得简洁大方的效果。采用卷棚顶在传统亭廊中最为常见。

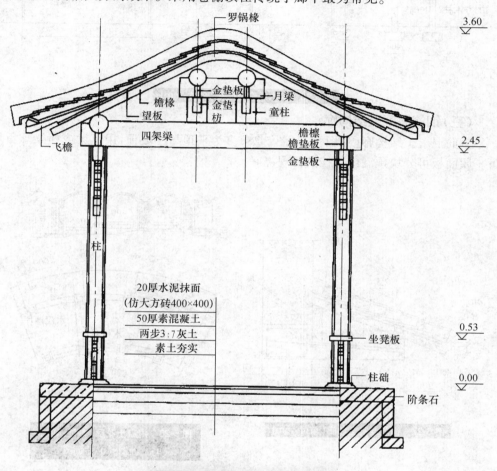

图5-25　木结构廊的构造（单位：mm）

（二）钢结构廊

钢或钢木组合构成的画廊及画框（见图5-26）也很常见，其轻巧、灵活，机动性强，颇受欢迎。廊顶结构构架基本上同木结构。除柱用钢管，外形可仿竹子外，其他均用轻钢构件，有时廊顶也可覆石棉瓦，并用螺栓连接。出于经济的考虑，也有部分使用木构件。

chapter 01

chapter 02

chapter 03

chapter 04

chapter 05

chapter 06

chapter 07

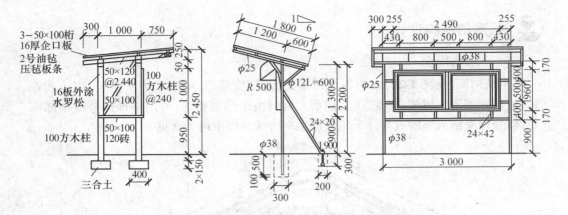

图 5-26　钢木画廊及画框(单位:mm)

(三)钢筋混凝土结构廊

钢筋混凝土结构廊(见图 5-27、图 5-28)多为平顶与小坡顶,用纵梁或横梁承重均可。屋面板可分块预制或仿挂筒瓦现浇。

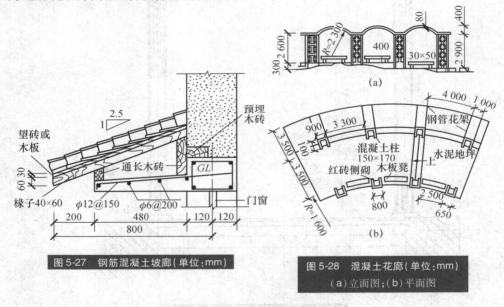

图 5-27　钢筋混凝土坡廊(单位:mm)

图 5-28　混凝土花廊(单位:mm)
(a)立面图;(b)平面图

有时可做成装配式结构,除基础现浇外,其他全部预制。预制柱顶埋铁件与预制双坡屋架电焊相接,屋架上放空心屋面板。另在柱上设置钢牛腿,以搁置连系纵梁,并考虑留有伸缩缝。要求预制构件尺寸准确、光洁。对于那些转折变化处的构件,则不宜预制成装配式标准件,否则反而会增加施工就位的复杂性。

柱内配筋不少于 $4\Phi10$,箍筋直径不小于 4 mm,间距不宜大于 250 mm。

(四)竹结构廊

竹结构廊(见图 5-29)的尺度、构造、做法基本同木结构廊,屋面可做成单坡或双坡。受力部位的竹构件多按 $\Phi60 \sim \Phi100$ mm 取用。常用竹制构件所需构造尺寸如下。

图 5-29　竹结构廊

竹柱:截面直径多为 60～100 mm。

拱梁:梁高 80～100 mm。

斜梁、檩条:梁高 80 mm。

童柱或灯芯木:截面直径为 70～100 mm。

雀替:由竹径 50 mm 的两根竹相叠组成。

挂落:挂落高度分为 25 mm、30 mm、50 mm 和 70 mm 四档。

基础:为防竹柱与基础接触处发生腐蚀,专门设计混凝土基础块,内埋两块 5 mm × 40 mm × 50 mm 的燕尾扁铁,外露 200 mm,用 M12 螺栓对穿固定竹柱即可。

(五)现代廊

在古典园林中,廊大多采用木结构,现代园林则多采用钢筋混凝土材料。因为廊是由相同单元组成的,采用钢筋混凝土结构可为实现单元标准化、制作工厂化、施工装配化创造有利的条件。另外,还可选用软塑料防水材料、金属材料等,在南方还可采用竹结构的廊,使廊富有地方特色。此外,廊还发展演变出了以下形式。

1. 花架

花架是廊的生态衍演,经常用作垂直立体绿化——植物廊道的载体,如图5-30所示。

★ 微视频

花架

图 5-30　花架

2. 装饰构架

装饰构架是廊的功能演绎,经常更强调其装饰功能,少与植物组合,如图 5-31所示。

图 5-31　装饰构架

3　学习单元 3　榭与舫的设计

知识目标

（1）了解榭与舫的含义、功能；

（2）掌握榭与舫的基本形式和设计要点。

技能目标

（1）通过本单元的学习，能够掌握园林中榭与舫设计的基本知识；

（2）能够运用所学知识进行中小型园林榭与舫的设计。

基础知识

一、榭的含义

《园冶》记载："榭者,藉也。藉景而成者也。或水边,或花畔,制亦随态。"这段话说明了榭是一种借助于周围景色而成的园林游憩建筑。古代建筑中,高台上的木结构建筑称榭,其特点是只有楹柱和花窗,没有四周的墙壁。它的结构依照自然环境不同而有各种形式,如有水榭、花榭之分。隐约于花间的称为花榭,临水而建的称为水榭。现今的榭多是水榭,并有平台伸入水面,平台四周设低矮栏杆,建筑开敞通透,体形扁平(长方形)。

二、榭的基本形式

（一）榭与水体结合的基本形式

榭的形式多种多样,从平面形式看,可分为一面临水、两面临水、三面临水以及四面临水。四面临水者以桥与湖岸相连。从剖面看,有的为实心土台,水流只在平台四周环绕;有的平台下部以石梁柱结构支撑,水流可流入部分建筑的底部;有的可让水流流入整个建筑底部,形成驾临碧波之上的效果。

(二)不同地域水榭的形式

我国园林随时期的不同而有不同的变化,古典园林随地理位置的不同而划分为北方园林(黄河型)、江南园林(扬子江型)和岭南园林(珠江型),榭的形式也随之有所差异。近代园林中榭的形式更是丰富多彩。

1.北方园林的水榭

北方园林的水榭具有北方宫廷建筑特有的风格,整体建筑风格显得相对浑厚、持重,在建筑尺度上也相应进行了增大,显示了一种王者的风范。有一些水榭已经不再是一个单体建筑物,而是一组建筑群体,从而在造型上也更为多样化。例如,北京颐和园的"洗秋""饮绿"两座水榭最具有代表性(见图5-32)。

图5-32　颐和园"洗秋""饮绿"水榭

2.江南园林的水榭

江南的私家园林中,由于水池面积一般较小,因此榭的尺度也不大。为了在形体上取得与水面的协调,榭常以水平线为基准,一半或全部跨入水中,下部以石梁柱结构作为支撑或用湖石砌筑,让水深入到榭的底部。建筑临水的一侧开敞,可设栏杆及鹅颈靠椅,以使游人在休憩时可凭栏观赏醉人的景致。其屋顶多数为歇山回顶式,四角翘起,显得轻盈纤细。建筑整体装饰精巧、素雅。较为典型的实例有苏州拙政园的芙蓉榭(见图5-33)、网师园的濯缨水阁(见图5-34)、耦园的山水间(见图5-35)及上海南翔古漪园的浮筠阁。

chapter 01

chapter 02

chapter 03

chapter 04

chapter 05

chapter 06

chapter 07

图 5-33 苏州拙政园芙蓉榭

图 5-34 网师园濯缨水阁

图 5-35 耦园山水间

★ 微视频

耦园

3. 岭南园林的水榭

在岭南园林中，由于气候炎热、水域面积较为广阔等环境因素的影响，产生了一些以水景为主的"水庭"形式。其中，有临于水畔或完全跨入水中的"水厅""船厅"之类的临水建筑。这些建筑形式在平面布局与立面造型上都力求轻快、通透，尽量与水面相贴近，有时做成两层。其也是水榭的一种形式。

三、榭的设计要点

榭作为一种临水建筑物，一定要使建筑与水面和池岸很好地结合，使它们之间有机地配合。

（一）位置的选择

榭以借助周围景色见长，因此其位置的选择尤为重要。水榭的位置宜选在水面有景可借之处，以既有对景、借景，又能在湖岸线突出的位置为佳。水榭应尽可能突出池岸，形成三面临水或四面临水的形式。

（二）建筑地坪

水榭以尽可能贴近水面为佳，即宜低不宜高，最好将水面深入到水榭的底部，并且应避免采用整齐划一的石砌驳岸。

当建筑地面离水面较高时，可以将地面或平台作为上下层处理，以取得低临水面的效果。同时可利用水面上空气的对流作用，使室内清风徐来，又可兼顾高低水位变化的要求。

知识链接

　　若岸与水平面高差较大,也可以把水榭设计成高低错落的两层建筑的形式,从岸边的下半层到达水榭底层,从上半层到达水榭上层。这样,从岸上看,水榭似乎只有一层,但从水面上看却有两层。在建筑物与水面之间高差较大,而建筑物地坪又不宜降低的时候,应对建筑物的下部支撑部分做适当的处理,以创造出新的意境。若水位的涨落变化较大,就需要仔细地了解水位涨落的原因和规律。设计者应以稍高于历史最高水位的标高作为水榭的设计地坪标高,以免水榭发生被水淹的情况。

　　为了形成水榭凌空于水面之上的轻快感,除了要将水榭尽量贴近水面之外,还应该尽量避免将建筑物下部砌成整齐的驳岸形式,而且应将作为支撑的柱墩尽可能地往后退,以使浅色平台下部产生一条深色的阴影,从而在光影的对比之下增强平台外挑的轻快感觉。

(三)建筑造型

　　在造型上,榭应与水面、池岸相互融合,以强调水平线条为宜。榭贴近水面,适时配以水廊、白墙、漏窗,平缓而开阔,再配以几株翠竹、绿柳,可以在线条的横竖对比上取得较为理想的效果。榭的形体以流畅的水平线条为主,应简洁明了,同时还可以增强通透、舒展的气氛。

(四)建筑的朝向

　　榭作为休憩服务性建筑,游人较多,驻留时间较长,活动方式也较多样。尤其夏季是园林游览的旺季,若有西晒,则纵然是再好的观景点,也难以让游人较长时间地驻留,这样势必影响游人对园林景色的印象,因此必须引起设计者的注意。

小提示

　　榭的朝向也颇为重要,切忌朝西,因为榭的特点决定了其应伸向水面且又四面开敞,难以得到绿树遮阴。

(五)榭与园林整体环境

　　水榭在体量、风格、装修等方面都应与它所在的园林空间的整体环境相协调和统一。在设计上,应该恰如其分、自然,不要“不及”,更不要“太过”。例如,广州兰圃公园水榭的茶室兼作外宾接待室,小径蜿蜒曲折,两侧植以兰花,把游人引入位于水榭后部的入口,经过一个小巧的门厅后步入三开间的接待厅,厅内以富含地方特色的刻花玻璃隔断将空间划分开来,一个不大的平台伸向水池。水池面积不大,相对而言建筑的体量已算不小,但是由于其位置偏于水池的一个角落里,且四周又植满花木,建筑物大部分被掩映在绿树丛中,因而露出的部分不明显,与环境整体气氛互相融合。其他范例如五福茶榭和云泊榭(见图5-36和图5-37)。

图 5-36　五福茶榭

图 5-37　云泊榭

四、舫的含义

　　园林建筑中的舫是指依照船的造型在园林湖泊的水边建造起来的一种船形建筑物。舫的立意是"湖中画舫",使人产生虽在建筑中,犹如置身舟楫之感。舫可供游人在内游赏、饮宴、观赏水景,还可在园林中起到点景的作用。舫最早出现在江南的园林中,通常下部船体用石头砌成,上部船舱多用木构建筑,近年来也常用钢筋混凝土结构做成仿船形建筑。舫立于水边,虽似船形但实际不能划动,所以亦名"不系舟""旱船"。

五、舫的组成

　　舫的基本形式与船相似,宽约丈余,一般下部用石砌作船体,上部木构酷似船形。木构部分通常分为三部分:船头、中舱、船尾。舫的组成及各部分功能如表 5-2 所示。

表 5-2　舫的组成及各部分功能

组成部分	说　　明	功　能
船头	(1)船头又称为头舱,此部分较高,常做敞棚 (2)屋顶以歇山顶居多,其状如官帽,俗称官帽厅,前面开敞,设有眺台,似甲板。尽管舫有时仅前端头部突入水中,船头一侧仍置石条仿跳板以联系池岸	供赏景、聊天
中舱	(1)中舱最低,为主要的空间,是供游人休息和欢宴的场所 (2)作为坡顶,低于船头,其地面比一般的地面略低一二步,有入舱之感。中舱的两侧面一般为通长的长窗,以便坐憩时有开阔的视野	供休息、饮宴
船尾	(1)船尾又称尾舱,此部分较高,一般为两层,类似阁楼的形象,下层设置楼梯,上层为休息眺望远景用的空间 (2)船尾的里面构成下实上虚的对比,其屋顶一般为船篷式或卷棚顶式,首尾舱一般为歇山顶式样,轻盈舒展,在水面上形成生动的造型,成为园林中重要的景点	上层供眺望远景,下层供休息、饮宴

　　舫各部分完美地结合在一起,各自发挥着其特有的功能。

六、舫的设计要点

　　舫应重在神似,要求有其味、有创新,妙在似与不似之间,而不应过分模仿细部形式。舫选址宜在水面开阔之处,这样既可取得良好的视野,又可使舫的造型较为完整地体现出来。一般两面或三面临水,最好是四面临水,其一侧设有平桥与湖岸相连,仿跳板之意。另外还需注意水面的清洁,应避免设在易积污垢的水区之中,以便于长久的管理。

　　舫的外形尽管千姿百态,但都精致秀丽,构成一景。其在选址上很有讲究,通常靠近水边,立在最具有赏景视角的地方。颐和园的清晏舫(见图5-38)选址就极为巧妙。颐和园的后山水面狭长而曲折,林木茂密,环境幽邃,和前山的开阔有着鲜明的对比。而清晏舫恰位于昆明湖景区,从湖上看,很像一条正从后湖开过来的大船,为后湖景区的展开起到了很好的预示作用。

★ 微视频

清晏舫

图 5-38　颐和园清晏舫

✎ 课堂案例

　　苏州怡园画舫斋(见图5-39)在怡园西北,为抱绿湾池水边的船型建筑。其前部平台伸入池水之中,台下由湖石支撑架空;两侧临池之处与其他岸一样叠石而成;三面临水,宛如一叶轻舟,浮于水面之上,轻盈舒展。平台又有一小石桥与池岸相连,仿佛登船的跳板。画舫斋虽然是模仿拙政园香洲而建,但也形成了自己的特色。在环境处理上其结合小园地形,平台架空于水面之上,加强了池水的动感。画舫斋建筑轮廓流畅,整体小巧紧凑,成为怡园西部景色的终端。其室内装修尤为精美,为江南旱船之冠。

图 5-39　苏州怡园画舫斋

学习案例

如图 5-40 所示为广州某公园花架设计图。

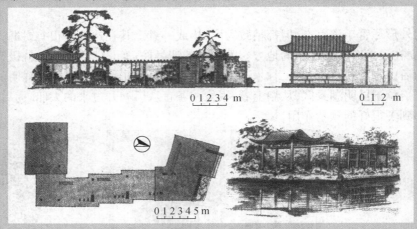

0 1 2 3 4 m   0 1 2 m

0 1 2 3 4 5 m

图 5-40　广州某公园花架设计图

想一想

在进行本案例的设计时,要注意的设计要点有哪些?

案例分析

广州某公园花架位于公园水边。其作为岸边的主体景物,既是一个如画的景观点,在临湖树木的掩映下显得生动活泼,同时又是一个理想的观景点。其在造型上,不仅采用亭、廊、花架相结合的方式,而且注重细部,设计花格进行装饰;在色彩上,以亭子为重点,洁白的花架亮而不艳;在质感上,淳朴厚重的砖石结构的廊与相对细腻的钢筋混凝土结构的亭子、花架形成对比,整体构图完整;在功能上,满足了游人的观景和亲水需求;在交通上,不失为一条沿湖游玩的通道。

知识拓展

厅与堂

厅与堂是园林中的主体建筑,其体量较大,造型精美,比其他建筑复杂华丽。《园冶》上说:"堂者,当也。谓当正向阳之屋,以取堂堂高显之义。"厅与堂以其构造用料不同而区分,扁方料者曰厅,圆料者曰堂,俗称"扁厅圆堂"。

园林中的厅与堂是主人会客、议事的场所,一般布置于居室和园林的交界部位,既与生活起居部分有便捷的联系,又有极好的观景条件。厅与堂一般坐南朝北,从厅与堂往北望,是全园最主要的景观面,通常是水池和池北叠山所组成的山水景观。观赏面朝南,使主景处在阳光之下,光影多变,景色明朗。厅与堂同叠山分居水池之南北,遥遥相对,一边人工,一边天然,既是绝妙的对比,衬出山水之天然情趣,也供园主不下堂筵可享天然林泉之乐。厅、堂的南面也点缀小景,坐堂中可以在不同季节观赏到南北不同的景色。

厅与堂这种建筑类型,按其构造装饰不同可分为下列几种形式:扁作厅、圆堂、贡式厅、船厅回顶、卷棚、鸳鸯厅、花篮厅、满轩。

厅与堂按其使用功能不同,又可分为茶厅、大厅、女厅、对照厅、书厅和花厅。厅堂与环境及周围景观的结合又产生了四面开敞的四面厅、临水而建的荷花厅、船厅等形式。其柱间常安置连接长窗(隔扇)。在两侧墙上,有的厅为了组景和通风采光,往往开窗,便于览景。也有的厅为了四面景观的需要,四面以回廊、长窗装于步柱之间,不砌墙壁,廊柱间设半栏或美人靠,供人们坐憩。

皇家园林中的厅与堂,是帝王在园内生活起居、游憩休息的场所。它的布局大致有两种,一种是以厅堂居中,两边配以辅助用房组成封闭的院落,供帝王在院内活动;另一种是以开敞的方式进行布局,厅堂居于构图的中心地位,周围配以亭廊、山石、花木等,供帝王游园时休憩观赏。

现代风景园林中,相当于传统风景园林建筑中的"厅堂"的建筑依然存在,只是叫法不同而已;相反,即使叫"某某厅"或"某某堂",也未必就是传统园林建筑中厅堂的内容和做法。

情境小结

本学习情境主要介绍了园林建筑单体亭、廊、榭、舫的基本知识和设计方法。在设计时,不能把每一个单体都作为一个孤立的设计小品,而应将其作为造园的元素之一,从整体上进行研究设计。首先是位置的选择,其次是造型的设计,然后是细部的装饰,最后是内部构造的处理。

学习检测

填空题

1. 仿生亭有_____、_____、_____等。
2. 在小山建亭中,小山高度一般为_____ m。
3. 廊的类型丰富多样,其分类方法也较多。如按廊的位置可分为_____、_____、_____、_____。
4. 舫的基本形式与船相似,宽约丈余,一般下部用石砌作船体,上部木构酷似船形。木构部分通常分为三部分:_____、_____、_____。

选择题

1. 在亭的分类中,就亭顶而言,以(　　)为多。
   A. 攒尖顶亭　　　　B. 歇山顶亭　　　　C. 悬山顶亭　　　　D. 盔顶亭
2. 屋顶(含宝顶)与柱高比:南方为 1.2:1～1.5:1,北方为(　　)左右。
   A. 1:1　　　　B. 1:1.2　　　　C. 1:1.5　　　　D. 1:2
3. 在廊的立面造型设计中,廊柱非常重要。面对同样大小的柱子,人会产生错觉,会感到方形比圆形大(　　)。
   A. 1/4　　　　B. 1/2　　　　C. 3/4　　　　D. 2/3

chapter 01
chapter 02
chapter 03
chapter 04
chapter 05
chapter 06
chapter 07

4.(　　)是廊的功能演绎,经常更强调其装饰功能,少与植物组合。

　　A.花架　　　　　　　　B.廊架　　　　　　　　C.装饰构架　　　　　　　　D.水榭

简答题

1.亭子从屋顶形式上如何分类?

2.廊有哪些形式? 各自有什么特点?

3.收集资料并分析我国园林中优秀的水榭实例,绘制其平面图、立面图、效果图。

★ 测试题 　★ 测试题

选择题　　　　　判断题

学习情境六

园林建筑小品的设计

♻ 情境引入

　　深圳某居住小区室外园林环境的局部采用规则式和自由式两种布局方式：规则式的布局以景墙和花架的组合为主景，营造了一个安静优雅的休息场所；自由式的布局指在绿化中以银杏树为中心设置了一个休息场所，其周围有多条自由弯曲的园路。其总平面图如图 6-1 所示。

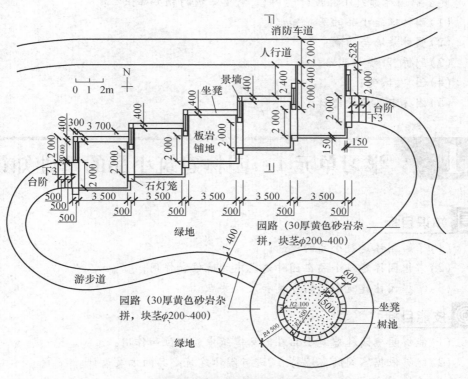

图 6-1　总平面图（单位：mm）

1.景墙和窗洞

六个直立的景墙采用错位的布置方式，顶部以木花架连成一体，下部则以矮墙坐凳相连，呈单面开敞式。每个景墙上设置铁艺花窗，取海洋生物群落造景。景墙用砖砌，表面呈现砖的纹路，增加优雅自然之感。

2.园路和台阶

景墙下的地面采用青砖铺砌，呈"联环锦"的样式。南侧草地中的自由式散步道则采用冰裂纹的铺砌方式，偶有几个台阶增加园路的趣味性。

3.坐凳和树池

景墙下部的坐凳用砖砌，坐面铺花岗石（磨光）。南部的树池边沿适当加宽、加高成坐凳，方便就座休息。

4.石灯笼

景墙的南部以石灯笼与之相对，每个景墙对应一个石灯笼。石灯笼以整块花岗石雕刻而成，造型简洁优雅。

❂ 案例导航

通过以上案例，主要使学生了解园林建筑小品的含义、园林建筑小品在园林中的地位和作用及园林建筑小品的分类。通过对各种园林建筑小品的具体分析，帮助学生进一步掌握园林建筑小品的设计内容和要求。

要了解园林建筑小品设计的内容，需要掌握的相关知识有：

（1）园林建筑小品的基础知识；

（2）园林景墙与门洞；

（3）园桥、汀步与园路；

（4）园桌、园凳；

（5）园林中其他的建筑小品。

1 学习单元1　园林建筑小品的基础知识

📖 知识目标

（1）了解园林建筑小品的概念；

（2）掌握园林建筑小品在园林建筑中的地位和作用；

（3）掌握园林建筑小品的分类和设计要点。

◎ 技能目标

（1）能够明确园林建筑小品在园林建筑中的地位和作用；

（2）能够依据不同的环境特点，进行园林建筑小品的方案设计。

基础知识

一、园林建筑小品的概念

　　构成园林建筑内部空间的景物,除亭、廊、花架、榭、舫、大门、园桥、服务性建筑等外,还有大量的小品性设施。它们虽不像园林中的主体建筑那样处于举足轻重的地位,但却像美丽的花朵,绽放于园林之中。园林中供休息、装饰、照明、展示和为园林管理及方便游人使用的小型建筑设施,均称为园林建筑小品。

> **知识链接**
>
> 　　园林建筑小品的特点是:种类繁多、体量小巧、功能简单、立意有章、富有神韵、造型别致、富有情趣,有高度的传统艺术性,讲究适得其所。它们在园林各处供人评赏,引人遐想,成为广大游客喜闻乐见的作品,一般不具有可供游客入内的内部空间。它们不仅要求具有简单的实用功能,而且要求具有装饰性的艺术特点,既有技术上的要求,又有空间组合上的美感要求。因此,园林建筑小品的造型取意均需经过艺术加工、精心琢磨并与园林整体环境协调一致。

二、园林建筑小品在园林建筑中的地位

　　据统计,中国园林质监站年总受监项目1 100多个,其中含园林小品项目220个,占总数的19%;总受监工程量17.73亿元,其中含园林小品项目工程量7.99亿元,占总工程量的45%。在抽取含园林小品的37个绿化项目检查时发现,各个项目中园林小品的造价占绿化总造价的比例集中在25%～50%。

　　从以上数据调查中可以看出,园林小品作为园林环境的组成部分,已成为园林建筑不可缺少的整体化要素,在园林建筑工程中具有举足轻重的地位。它与建筑、山水、植物等共同构筑了园林环境的整体形象,表现了园林环境的品质和性格。园林小品不仅仅是园林环境中的组成元素、环境建设的参与者,更是环境的创造者,在园林空间环境中起着非常重要的作用。园林小品的存在,为环境空间赋予了积极的内容和意义,使潜在的环境也成了有效的环境。因此,在园林建筑的建设中,不断创造优质的园林建筑小品,对丰富环境与提高环境空间的品质具有重要的意义。

> **知识链接**
>
> 　　在推崇"以人为本"的设计理念的现代社会,人们衡量一个设计作品的成功与否,往往会从设计是否人性化的角度去评判。园林小品作为环境中的一员,与人的接触最为直接、密切,如室外座椅的舒适度、园林灯光的功效、台阶踏步的尺度把握等方面,无不时时刻刻检验着人们对整体环境的印象,因此园林小品不但为环境提供了各种特殊的功能服务,还反映了整体设计对人性关怀的细致程度。在园林建筑中,建筑、园林小品、人三者之间形成了有机平衡的关系,园林小品、建筑共同为人的需要服务。因此,园林小品在整体环境中不但是重要的,而且是不可或缺的。

三、园林建筑小品在园林建筑中的作用

(一)组景

园林建筑在园林空间中,除具有自身的使用功能要求外,一方面是被观赏的对象,另一方面又是人们观赏景色的所在。因此,设计中常常使用建筑小品把外界的景色组织起来,使园林意境更为生动,画面更富诗情画意。园林建筑小品在造园艺术中的一个重要作用,就是从塑造空间的角度出发,巧妙地组景。其对园林景观组织的影响主要体现在以下几个方面。

首先,在风景园林建筑中,园林小品是作为园林主景的有机组成部分而存在的,如台阶、栏杆、铺地等本身就是各类园林建筑中不可分割的一部分。

其次,园林小品是园林配景的组成部分。园林小品巧妙运用了对比、衬托、尺度、对景、借景和小中见大、以少胜多等造园技巧和手法,将亭台楼阁、泉石花林组合在一起,在园林中创造出自然和谐的环境。苏州拙政园的云墙和"晚翠"月门,无论在位置、尺度和形式上均恰到好处。云墙和月门加上景石、兰草和卵石铺地形成了素雅近景,两者交相辉映,令人赞叹不已。

再者,园林小品对游人能起到很好的导向作用。通过对园林小品的合理空间配置,可有效地组织游人的导向。例如,在开阔处布置园林小品,使人流停留;而在狭窄的路边却不布置小品,使人流及时分流。较为典型的如铺地、小桥、汀步等,其本身的铺设方向就是一种暗示(见图6-2、图6-3)。坐凳的设置也对游人有一定的导向作用,在园路旁及主要景点边间隔一定的距离配置美观舒适的坐凳,可以给游人提供长时间逗留的休息设施,从而使游人更好地观赏景色。

图6-2 园林中的石板路

图6-3 园林中的卵石路

(二)装饰

园林建筑小品的另一个作用,就是运用小品的装饰性来提高园林建筑的可观赏性。杭州西湖的"三潭印月"就是将传统的水庭石灯以小品的形式"漂浮"于水面,使月夜景色更为迷人。

(三)传达情感

园林建筑小品除具有对园林景观进行组织和装饰的作用外,

★ 微视频

三潭印月

还常常把以实现功能作用为首要任务的小品如室外家具、铺地、踏步、桥岸以及灯具等艺术化、景致化,使那些看起来毫无生机的小品通过本身的造型、质地、色彩、肌理向人们展现其自身的艺术魅力,并借此传达某种情感特质。例如,地面铺装,其基本功能不过是提供便于行走的道路或便于游戏的场地,但在园林建筑中,不能把它作为一个简单的地面施工处理,而应充分研究其所能提供材料的特征,以及不同道路与地坪所处的空间环境,以此来考虑其必要的铺装形式与加工特点。如在草坪中的小径,可散铺片石或嵌鹅卵石,疏密随宜;较为重要的人流通道或室外地坪、广场,则多以规整石块或广场砖铺就,并应在其分块形式、色块组合以及表面纹样的变化上多作推敲。

(四)创造意境

在中国传统园林中,以中国山水花鸟的情趣,寓唐诗宋词的意境,在有限的空间内点缀假山、树木,安排亭台楼阁、池塘、小桥,使园林环境景因园异,以景取胜,产生以小见大的艺术效果。

🔊 **小提示**

> 不同风格的园林小品可以创造不同的园林意境。园林小品所占面积往往不大,但采用变换无穷、不拘一格的艺术手法,能达到咫尺之内再造乾坤的效果。

(五)反映地域文化内涵

园林建筑小品能通过自身形象反映一定地域的审美情趣和文化内涵。自然环境、建筑风格、社会风尚、生活方式、文化心理、民俗传统、宗教信仰等构成了地方文化的独特内涵。园林小品的设计在一定程度上也反映出了不同的文化内涵,它的创造过程就是这些内涵不断提炼、升华的过程。一般来讲,不管是园林建筑还是园林小品,都是以其外在形象来反映其文化品质的。园林建筑可以依据周围的文化背景和地域特征而呈现出不同的建筑风格,园林小品也是如此。

🔒 **小技巧**

> 在不同的地域环境及社会背景下,园林小品呈现出不同的风貌,对整体环境的塑造起到了烘托和陪衬的作用,使骨骼明晰的园林环境变得更加有血有肉,更加丰满深刻。

📕 四、园林建筑小品的分类

园林建筑小品的种类繁多,按其功能,大体可分为四类(见表6-1)。

表6-1 园林建筑小品的分类

类 别	主 要 作 用	实 例
休息性小品	提供休息、赏景	园林桌凳、遮阳伞等
装饰性小品	点缀、渲染、烘托气氛	铺地、景墙、景窗、雕塑、喷泉等
展示性小品	指示、宣传和教育	导游图板、指路标牌、说明牌、阅报栏等
服务性小品	提供服务	洗手池、电话亭、时钟塔、健身器材、果皮箱等

chapter 01
chapter 02
chapter 03
chapter 04
chapter 05
chapter 06
chapter 07

　　建筑小品的形式丰富多样。根据不同的情况,其分类方法也有所不同。比如,根据建筑小品所处的空间位置,可分为室内建筑小品、室外建筑小品;根据建筑小品的艺术形式,可分为具象建筑小品、抽象建筑小品等;根据建造时代,可分为古典建筑小品、现代建筑小品。

🍎 五、园林建筑小品的设计要点

(一)立意新颖、构思巧妙

　　园林建筑小品,在意境的创作上要达到寓情于景、情景交融的最高境界,才能成为耐人寻味的作品。任何简单的模仿都会削弱它对欣赏者的感染力。建筑小品不仅形式优美,更具有深刻的主题内涵,能表达较高的思想意境和情趣,让人回味无穷、乐在其中。例如,沈阳世博园青岛园中的帆船铺装,代表着青岛作为2008年奥运会帆船项目的举办地,将有更为广阔的发展空间;从船头喷涌而出的泉水,意味着青岛将就此乘风破浪,向着国际化大都市迈进(见图6-4)。

图6-4　沈阳世博园青岛园中的帆船铺装

(二)巧而得体、精而合宜

　　园林建筑小品作为园林建筑的配件,在不同的园林空间中,要做到造型别致、体量精巧,与周围环境协调,不可喧宾夺主,不可失去分寸。精于体宜,是园林空间与景物之间最基本的体量构图原则。不同的艺术意境要求有不同的尺度感。园林小品的尺度是否正确,很难定出绝对的标准。在园林中究竟取何比例为宜,则取决于其与环境配合上的需要,如在林荫曲径旁设造型独特的竹节园灯,其体量适宜,并与周围的竹林环境相适应(见图6-5)。

图6-5　体量适宜的竹节园灯

(三) 独具特色、切忌雷同

园林建筑小品应生动地反映地方特色,巧妙地融合于周围景观之中,达到活跃环境气氛的效果。不可模仿抄袭,而应有所创新,创造出具有深刻内涵和韵味的作品,取得别开生面的神似效果。比如,2006年沈阳世博园中西安秦风苑的兵马俑雕像(见图6-6)、郑州园的铜爵和文字图腾柱(见图6-7)、成都园的蜀水乡情等都代表了地方特色。

图6-6　西安秦风苑的兵马俑雕像

图6-7　郑州园的文字图腾柱

(四) 顺其自然、求其因借

顺其自然,是指不破坏原有的风貌,做到涉门成趣、得景随形。求其因借,是指通过对自然景物形象的取舍,使造型简练的小品获得景象丰满充实的效果。如在树林中,用水泥塑制的仿树根桌凳,好像自然形成的断根树桩,远看可以达到以假乱真的效果,别具自然风趣(见图6-8)。

图6-8　仿树根桌凳

🔊 **小提示**

我国园林追求自然,但又不贬人工,而且精于人工。"虽由人作,宛自天开"是最精辟的造园理论。作为装饰的园林建筑小品,人工雕琢总是难免的,而将人工与自然浑然一体,则是设计者独具匠心之处。

(五) 考虑使用功能、符合技术要求

园林建筑小品绝大多数具有实用功能。设计时除艺术造型上要求美观外,还要考

虑使用功能、符合技术要求。例如,坐凳的使用功能是满足人们就座休息,同时应符合人体尺度要求;园灯的使用功能是照明,同时应符合光强、电源、颜色等技术要求;门窗洞口的使用功能是交通及采光通风,同时应符合材料施工的技术要求;园墙的使用功能是界定园林空间,同时要从围护要求来确定其高度及其他技术上的要求。

设计园林建筑小品时,考虑的问题是多方面的,而且具有很大的灵活性,因此不能局限于上述原则,应举一反三,融会贯通。

2 学习单元2 景墙与门洞

知识目标

(1)了解景墙与门洞的功能和分类;
(2)掌握景墙与门洞的设计要点。

技能目标

(1)能够了解景墙和门洞在园林建筑中的地位和作用;
(2)能够了解景墙与门洞的设计要求,为园林建筑设计创造有利条件。

基础知识

一、景墙

在园林环境中,景墙主要用于分隔空间,保护环境对象,丰富景致层次及控制、引导游览路线等。它作为空间构图的一项重要手段,既有隔断、划分组织空间的作用,也具有围合、标识、衬景的功能,而且其在很大程度上是作为景物供人欣赏的,所以要求造型美观,具有一定的观赏性。

各种园林墙垣穿插园中,既分隔空间又围合空间,既通透又遮障,形成的园林空间各有气韵。园林墙垣既可分隔大空间,化大为小,又可将小空间迂回串通,使之呈现小中见大、层次深邃的意境。上海豫园有一水墙,墙体跨水面而建,分隔水体空间,小河流水不断,穿墙而过,空间虽隔但不断,流水虽障但仍湍流不止,可谓构思巧妙、别具风格(见图6-9)。另外,景墙也可独立成景,与周围的山石、花木、灯具、水体等构成一组独立的景物。北京颐和园的灯窗景墙位于昆明湖上,白粉墙上雕镂有各式灯形窗洞,窗面镶有玻璃,夜色降临,灯窗宛如盏盏灯笼,湖面上波光倒影,颇有趣意(见图6-10)。

图6-9　上海豫园水墙　　　　　　图6-10　颐和园灯窗景墙

chapter 01

chapter 02

chapter 03

chapter 04

chapter 05

chapter 06

chapter 07

🔊 小提示

在现代风景园林建筑中,景墙的主要作用就是造景。其不仅以优美的造型来实现,更以其在园林空间中的构成和组合来实现。因此,借助景墙可使园林空间变化丰富、层次分明。

(一)景墙的功能

1. 对外形成园林范围,起防护作用

一般的园林都有用地的边界,大到几十公顷的大型园林,小到只有几十平方米的私家庭院,都用园墙把自己与外界隔开,以便看护管理。园墙的高度一般在 2 m 左右,造型朴实,能起到较好的防护作用(见图6-11a)。

★微视频

影壁

2. 在园林内部划分、分隔空间

景墙作为限定竖向空间的一种形式,能够有效地划分园林空间。它既可分隔大空间,产生"园中园",化大为小;又可将小空间迂回串通,小中见大,富有层次感。此时对景墙的造型有一定的要求(见图6-11b)。

3. 作为引导标识

为了引导游人按照一定的顺序进行游览,以达到特定的游览效果(例如纪念性园林),可以利用景墙能够有效分隔空间的特点,引导游人按照景墙所指引的路线进行游览,这样能够给人自然舒适的感觉(见图6-11c)。

4. 装饰美化环境

景墙的结构简单,可以运用不同的材料做成各种造型,可以利用门洞、窗洞进行框景、漏景等景观处理,达到装饰美化环境、点缀风景的目的(见图6-11d)。

(a)

(b)

(c)

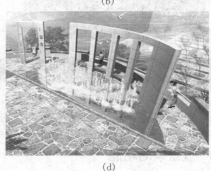
(d)

图 6-11　景墙的功能
(a)围合、防护;(b)划分、分隔空间;(c)作为引导标识;(d)装饰美化环境

◁)) 小提示

　　有的景墙与周围的置石、花木、水景等组合,可构成一组独立的景观,也有的景墙被作为出入口的标志物。

(二)景墙的分类

　　中国传统园林的围墙,按材料和构造可分为版筑墙、乱石墙、磨砖墙、清水砖墙、白粉墙等。分隔院落空间多用白粉墙,墙头配以青瓦。用白粉墙衬托山石、花卉,犹如在白纸上绘制山水写意图,意境颇佳。此种形式多见于江南园林的围墙,如留园华步小筑(见图 6-12)。清水砖墙由于不加粉饰而往往使建筑空间显得朴实,一般用于室外。在现代园林建筑中,为了创造室内外空间互相穿插和渗透的效果,也常常用清水砖墙来处理室内的墙面,以增添仿若室外的自然气氛。

图 6-12　留园华步小筑

★微视频

留园

🔒 **小技巧**

在园林建筑中采用石墙,容易获得天然的气氛,形成局部空间的切实分割,因此天然石墙是处理园林空间,获得有轻有重、有虚有实境界的重要手段(见图6-13)。

图6-13 天然石墙

chapter 01
chapter 02
chapter 03
chapter 04
chapter 05
chapter 06
chapter 07

现代风景园林建筑中,除沿用一些传统围墙的做法外,由于新材料与新技术的不断发展,围墙的形式也是日新月异。现代围墙形式主要有以下几种:石砌围墙、土筑围墙、砖围墙、钢管立柱围墙、混凝土立柱铁栅围墙、混凝土竖板围墙、木栅围墙(见图6-14)。

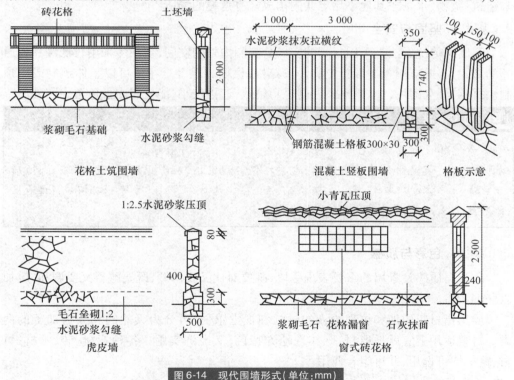

图6-14 现代围墙形式(单位:mm)

(三)景墙的设计要点

■ 1.位置选择

景墙位置的选择要与其功能相结合。

作为空间界限的各种围墙,如公园的围墙、园内小园的围墙、庭院围墙及构成各种使用空间或活动空间的围墙,起着围护及限定范围的作用,必然处于园林或各种空间的周边。

作为分隔空间的景墙,则按空间布局的需要穿插在各种空间中。为使分隔空间的效果更突出,一般将景墙设在景物变化的交界处,或地形、地貌变化的交界处,或在空间形状、空间大小变化的交界处,以利于空间的顺利过渡和有机结合。

🔊 小提示

以组织景观为主要目的的园林景墙,其位置的选择常与游人路线、视线、景物关系等统一考虑,以有的放矢,采用"框景""对景""障景"等设计手法,增加空间层次。"俗则屏之,佳则收之"也正是园林景墙选址的重要原则。

▦▏2. 造型与环境

园墙的设置多与地形结合。平坦的地形多建成平墙,外饰白灰,以砖瓦压顶;坡地或山地则就势建成阶梯形;为了避免单调,有的建成波浪形的云墙。墙上常设漏窗,窗景多姿,墙头、墙壁也常有装饰。

景墙在造型上应强调虚实开合,结合洞口、柱架,或通透或密实,变化有章;在尺度与方向上,应依据空间视觉需要,高低错落,穿插组合。景墙和环境要相互依托陪衬,与建筑、植物、水景或其他小品等共同构成富有意趣的场所。

▦▏3. 坚固与安全

园墙的传统做法是采用封闭的实墙分隔园内外的空间,现在多采用较低矮和较通透的形式,普遍应用预制混凝土和金属花格、栏栅。混凝土花格可以整体预制或用预制块拼砌,经久耐用;金属花格、栏栅轻巧精致,遮挡最小,能使园内景色透出园外。

📖 知识链接

景墙的设置要注意坚固与安全,尤其是孤立的单片直墙,要适当增加其厚度,以加强结构。设置曲折连续的景墙,也要增强其稳定性,应考虑风压、雨水、冻土、地质变化等对墙体的破坏作用。景墙基础应设在冰冻线以下,以防冻胀损坏,华北地区冰冻线为 1 m 左右,东北地区冰冻线为 1~2 m。

▦▏4. 色彩与质感

色彩与质感是景墙的重要表现手段,既要对比又要协调,既要醒目又要调和,应加以仔细考虑。

质感指材料质地和纹理给人的触觉和视觉感受,可分为天然的和人为加工的两类。材料运用上宜就地取材,既体现地方特色,又经济实用。各种石材、砖、木材、竹材、钢材均可选用,并可组合使用。

📖 二、门洞

门洞是指园林中为联系和组织景观空间,能让人通行并与墙结合设置的建筑小品。由于其形象是一个洞口,又具有门的作用,所以习惯上称之为门洞。门洞使两个分隔的空间相互联系和渗透,其一般与园路、围墙结合布置,共同组成游览路线。通过门洞的巧妙运用,可以使庭园环境产生园中有园、景外有景、步移景异的景观艺术效果(见图6-15)。

图6-15　门洞的效果

🔊 小提示

　　门洞还是创造框景的重要手段之一。门洞作为景框,可以从不同的视景空间和角度,获得许多生动的风景画面。

(一)门洞的形式

门洞的形式要结合具体的环境条件,同时考虑人流的多少及造景的目的等。例如,月牙形门洞观赏性很强,但不适合人流量大的场所;直方形门洞则适合人流量大的场所,但其观赏价值却不如月牙形门洞和圆形门洞,因此在具体设计时必须综合考虑。常见的门洞形式如图6-16所示,可分为三大类:曲线式、直线式、混合式。

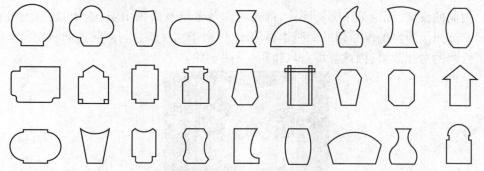

图6-16　常见的门洞形式

▮▮ 1. 曲线式门洞

曲线式门洞的边框线是曲线。曲线式门洞是中国古典庭园中常用的门洞形式,在现代公共庭园中也广泛采用。曲线式门洞多数为拟物形,如圆形、拱形、花瓶形、葫芦形等。

▮▮ 2. 直线式门洞

直线式门洞的边框线为直线或折线,门洞为多边形,如方形、长方形以及其他多边形等。

▮▮ 3. 混合式门洞

混合式门洞的边框线有直线也有曲线,通常以直线为主,在转折部位加入曲线段进行连续。

chapter 01
chapter 02
chapter 03
chapter 04
chapter 05
chapter 06
chapter 07

（二）门洞的设计要点

▓▍ 1.从寓意出发，注重使用功能

应充分考虑通过门洞的人流量，以确定适宜的门洞宽度。寓意"曲径通幽"的门洞，多选用狭长形门洞，使景物藏多露少，使庭园空间与景色显得更为幽深莫测（见图6-17）。为获得"别有洞天"的效果，可选择较宽阔的门洞形式，如月门、方门等，以多显露一些"洞天"景色，吸引观赏者视线（见图6-18）。

图6-17　狭长形门洞

图6-18　较宽阔的门洞形式

▓▍ 2.从整体效果出发，考虑艺术风格和谐统一

门洞的设置，无论采用哪种形式，都要考虑与景墙及周围山石、植物、建筑物等相协调。苏州沧浪亭的汉瓶门的曲线本属烦琐，但由于它在颜色与形状上同园中芭蕉取得了恰当的对比效果，因此显得自然新颖（见图6-19）。

图6-19　苏州沧浪亭的汉瓶门

 小技巧

为了达到良好的景观效果，门洞设计需考虑框景、对景、衬景和前、中、后景的结合。直线形的门洞要防止生硬、单调，曲线形的门洞要注意避免矫揉造作。

3. 门洞应用时,要注意边框的处理方法

传统式庭园中,一般门洞内壁为满磨青砖,边缘只留厚度为 3 ~ 4 cm 的条边,做工精细、线条流畅,格调优美秀雅。在现代公共庭园中,门洞边框多用水泥粉刷,条边则用白水泥,以突出门框线条。门洞内壁也有用磨砖、水磨石、斧凿石(斩假石)、贴面砖或大理石等。门洞边框与墙边相平或凸出墙面少许,显得清晰、明快。

3 学习单元 3　园桥、汀步与园路

📖 知识目标

(1)了解园林建筑中园桥、汀步与园路的类型与功能;
(2)掌握园桥、汀步与园路的设计要点。

🎯 技能目标

(1)能够掌握园林建筑小品中的园桥、汀步与园路的基本设计内容;
(2)根据所掌握的内容,能设计简单的园桥、汀步与园路。

📖 基础知识

📕 一、园桥

(一)园桥的类型

园桥的架设取决于水面的形式和周围的环境特点。例如,小型水面架桥,其造型应轻快质朴,通常为平桥或微拱桥(见图 6-20、图 6-21);水面宽广或水势急湍者,应设高桥并带栏杆;水面平缓者,可不设栏杆或一边设栏杆,架桥应低临水面,以增加亲近水面的机会;宽广或狭长的水面,应巧妙利用桥的倒影,或建构曲折的桥身,利用桥体造型增添水面景色;若为大片平坦湖泊,则应使桥体造型多变,并保证多种风格的桥式和谐统一,过渡巧妙自然。

图 6-20　平桥

图 6-21　微拱桥

 chapter 01

 chapter 02

 chapter 03

 chapter 04

 chapter 05

 chapter 06

 chapter 07

1. 平桥

平桥造型简单,能给人以轻快的感觉。有的平桥用天然石块稍加整理,作为桥板架于溪上,不设栏杆,只在桥端两侧置天然景石隐喻桥头,简朴雅致。

2. 曲折平桥

曲折平桥多用于较宽阔的水面而水流平静者。为了打破一跨直线平桥过长的单调感,可架设曲折桥式。曲折桥有两折、三折、多折等。它为游客提供了各种不同角度的观赏点,桥本身又为水面增添了景致。

3. 拱券桥

拱券桥多置于大水面,是将桥面抬高,做成玉带的形式。这种桥造型优美,曲线圆润而富有动感,既丰富了水面的立体景观,又便于桥下通船。而用于庭园中的拱券桥则多以小巧取胜(见图6-22)。

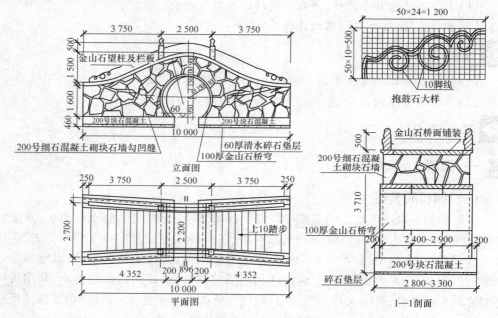

图6-22　拱券桥造型(单位:mm)

🔊 **小提示**

网师园石拱桥以其较小的尺度、低矮的栏杆及朴素的造型与周围的山石树木配合得体见称。

(二)园桥的功能

园桥可以联系园林中的水陆交通,组织游览线路,变换观赏视线,点缀水景,还可以划分水面空间、增加水面层次,兼有交通和艺术欣赏的双重作用。园桥在造景艺术上的价值往往超过其交通价值。

(三)园桥的设计要点

1. 园桥的选址

园桥的选址需要从交通、景观和结构等方面综合考虑。

首先,园桥应作为园林道路系统的一部分,与园路相连接,以方便组织交通。应根据交通情况要求,如桥上是否行车、桥下是否通航、载重能力与净空高度等,确定园桥的跨度和高度。

其次,园桥应能够有机地组织游览路线与观景点,起到组织景区间分隔与联系的作用,并与环境景观相协调。在小水面设桥时,要注意割而不断,重点在于增加空间层次、扩大空间效果。

再次,考虑结构的经济合理,根据水体的宽窄、水位的深浅、水流的大小以及岸边地质条件等考虑,尽量选窄处架桥,桥中线与水流中线垂直,这样可以减少水流对园桥基础的冲刷,增加桥的稳定性。

2. 园桥的造型

园桥的造型需要综合考虑水面的形状、大小以及两岸的环境特点来确定。

3. 园桥的细部处理

(1)栏杆是丰富桥体造型的重要因素。栏杆的高度既要考虑安全需要,也要与桥体宽度相协调,其造型宜简洁。有的小桥不设栏杆或只设单面栏杆,以突出桥的轻快造型,同时人行其上产生如凌水面之感,极尽惊险之趣。

(2)灯具具有良好的桥体装饰效果,在夜间游园时更有指示桥的位置及照明的作用。灯具可结合桥的体形、栏杆及其他装饰物统一设置,使其更好地突出园桥的景观效果,尤其是夜间的景观。

(3)桥与岸相接处有显示桥位、引导交通的作用,必须处理得当,避免生硬呆板。常以灯具、雕塑、山石、花木等丰富桥体与岸壁的衔接,尽量使园桥融入周围环境。同时,应适当扩大岸边的空间,以便于人流的集散。

二、汀步

在园林中,水景的布置及水面的联系除桥外也常用汀步。汀步是一种较为活泼、简洁、生动的“桥”。在浅水河滩、平静水池,及大小水面收腰或变头落差处,可在水中设置汀石,散点成线,借以代桥,通向对岸。由于它自然、活泼,因此常成为溪流、水面的小景。在现代景园设计中,汀步的运用也较为常见,它是景园环境中丰富水面景致的有效手段。

(一)汀步的形式

汀步的形式如图 6-23 所示。

荷叶汀步

圆墩汀步

方形汀步

图 6-23　汀步的形式

1. 自然式汀步

自然式汀步利用天然石材或仿石材自然式布置。它常设在自然石矶或假山石驳岸之间,仿石块、荷叶或木桩造型,容易取得协调效果。

2. 规则式汀步

规则式汀步有圆形、方形等造型,可用石材雕凿或耐水材料砌塑而成,适用于规整环境。

(二)汀步的设计要点

基础要坚实、平稳,面石要坚硬、耐磨。多采用天然的岩块,如凝灰岩、花岗岩等,也可以使用各种美丽的人工石。不宜使用砂岩。

石块的形状,表面要平,为防滑忌做成龟甲形。不可在石块表面雕饰凹槽,以防止积水及结冰。

汀石布置的间距应考虑人的步幅,中国人成人步幅为 56～60 cm,石块的间距可为 8～15 cm。石块不宜过小,一般应在 40 cm×40 cm 以上。汀步石面以高出水面 6～10 cm为好。

安置汀步石块时,其长边应与前进的方向垂直,这样可以给人一种稳定的感觉。

汀步置石需能表现出韵律的变化,使作品具有生机和活跃感,富有音乐律动的美。

设计者应充分考虑其周围环境特点,创造出与地形、地貌组合和谐的,具有个性的汀步。

小提示

我国传统园林以处理水面见长,在组织水面风景时,桥和汀步是必不可少的组景要素。它们具有联系景点、组织引导游览路线、点缀景色、增加风景层次的作用。

三、园路

园路在园林中构成全园的骨架,其将园景相互联络,使游人能够抵达目的地。同时,园路还能分割园林,对园景的构成具有至关重要的意义。

(一)园路的功能

1. 划分园林空间

园林的规划布局决定了全园的整体格局,设计时应当通过不同等级的园路将全园景观规划成各个不同的区域,使各个区域既相互分隔又相互联系,构成布局严谨、景象鲜明、富有节奏和韵律的景观空间。

2. 组织交通、引导游览

各景区、景点都以园路为纽带,通过有意识的布局,有层次、有节奏地展开,使游人充分感受园林艺术之美。通过精心设计、合理安排,使道路网按设计意图、路线和角度,把游人引导、输送到各个景区以及景点的最佳观赏位置。

3. 丰富园林景观

园林中的道路是园林风景的组成部分。其蜿蜒起伏的曲线、丰富的寓意、精美的铺地图案,都给人以美的享受。园路可以与周围的山水、建筑及植物等紧密结合,营造不同的视点,形成"因景设路""因路得景"的效果。

4.提供休息、散步的场所

进入园林之中,有时并不是为了观赏某个景点,而只是为了寻求一种怡然自得的感觉。这时漫步在绿荫之中、园路之上便是上乘的选择。累了可以坐在路边的凳上休息,观赏周围景色。也可跑步锻炼身体,达到健身的目的。

(二)园路的类型

园路按功能可分为主园路(主干道)、次园路(次干道)和游憩小路(游步道)。主园路连接各景区,次园路连接各景点,游憩小路则通向景区内幽静的景观。

1.主园路

主园路主要用来接通主要入口处,并贯通全园景区,形成全园骨架,组成游览的主干路线。主园路一般较宽,能够满足机动车辆的并排行驶,宽度一般为 6 m 左右,且转弯半径较大,路线相对较直(见图6-24)。

2.次园路

次园路是辅助道路,主要用来把园林分隔成不同景区,连接景区内各景点和景观建筑。车辆可单向通过,路宽为 3～4 m,其自然曲度大于主园路。设置路线时,要求具有优美舒展的曲线线条(见图6-25)。

图6-24 主园路　　　　　　　　　图6-25 次园路

3.游憩小路

游憩小路是园路系统的最末端,其作用主要是供游人休憩、散步、游览,其可通达园林绿地的各个角落,宽度一般为 0.8～1.5 m(见图6-26)。

图6-26 游憩小路

（三）园路的设计要点

1. 园路要主次分明

园林的道路设置应主次分明，包括主园路、次园路和游憩小路。主园路主要连通各个景区，应形成一个环状道路网络，用于人流集散、货物运输和消防；次园路主要在各个景区内部连接各个主要景点，要和主园路连通；游憩小路是局部小环境的内部道路，方便自由穿行于园林之中，要和次园路连通。三级道路缺一不可，它们共同构成园林的道路系统，只有主次分明才能有效地组织人流活动。

2. 园路要结合地形，因地制宜

要根据环境条件，因地制宜地确定园路的布局、走向、密度和坡度。人流活动较密的区域，道路的密度自然要大，以便快捷地输送人流；人流活动较少的区域，道路可以相对少些。

> 🔊 **小提示**
>
> 若遇山体地形，主干道要顺着等高线的方向在一定的坡度范围内盘旋而上，或是次干道采用台阶的形式，以缩短往来各个景点的时间。

3. 园路要起到美化环境的作用

园路作为园林中的要素，对美化园林环境至关重要。无论是园路的线形还是园路的铺地，都应成为园林造景的一部分。在自由式园林中，园路的线形以自然式为主，以流畅的曲线衬托园林的自然感觉；而在规则式园林（如纪念性园林）中，园路的线形以规则式为主，以营造庄重严肃的气氛。园路铺地的材料、色彩、图案和质感等更要与环境的氛围相吻合。

4. 园路要有效地组织游览路线

园路要有利于导游与组织园林空间，其设置必须从组织游览的角度考虑，依照各个景区和景点的游览顺序，通过主次干道和游步道给人的心理暗示，引导游人正确地选择游览路线，欣赏各个景点，并参与到各项活动当中。园路的路面布置要舒适、耐磨、耐压、便于清扫等，为人们散步、游览等提供有效的底界面。

---

4 学习单元4 园桌、园凳

📋 **知识目标**

（1）了解园桌、园凳的功能；
（2）掌握园桌、园凳的设计要点。

🎯 **技能目标**

（1）能够掌握园林建筑小品中园桌与园凳的基本设计要点；
（2）能够掌握园桌与园凳在园林中的功能。

基础知识

园桌、园凳在园林中是必不可少的,其主要为游人提供就座休息的设施。优美的桌凳造型也会为园林景观增添不少风采。

一、园桌、园凳的功能

(一)提供休息场所,供人赏景

园桌、园凳的首要功能是供游人驻足休息,互相交流,欣赏周围景色。在道路边、河湖岸边、林荫广场下,园桌、园凳比比皆是,是不可缺少的园林设施(见图6-27)。

图6-27 供人休息的园桌、园凳

(二)组织景点,装饰小品

园桌、园凳作为园林建筑小品,以其精巧的外观造型、富有创意的表现形式,点缀着园林空间,成为一道靓丽的风景线(见图6-28)。在园林中恰当地设置园桌、园凳,能加强园林意境的表现。如图6-29所示,在苍松古槐之下,设以自然山石的园桌、园凳,使环境更为幽雅古朴。

图6-28 造型别致、立意新颖的园桌、园凳

图6-29 自然山石的园桌、园凳

二、园桌、园凳的设计要点

(一)园桌、园凳的尺寸要求

由于园桌、园凳的主要用途是供游人就座休息,所以要求其造型符合人体工学的要求,就座舒适,有一定曲线,椅面宜光滑、不存水。座椅的适用程度主要取决于座板与靠背的组合角度及椅凳各部分的尺寸是否恰当(见图6-30)。

chapter 01

chapter 02

chapter 03

chapter 04

chapter 05

chapter 06

chapter 07

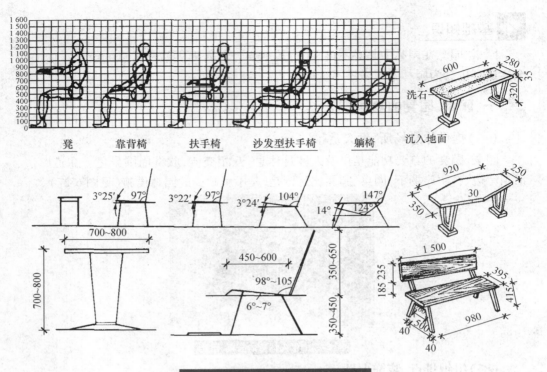

图 6-30　园桌、园凳的尺寸（单位：mm）

（二）园桌、园凳的布置形式

通过调查发现，曲线形或成角布置的座椅往往得到人们的偏爱，因为这种形式的座椅方便交谈，可使人们从不愿交谈的窘况中解脱出来。比如弧形座椅，人们通过调整自己就座的方向，可以很快改变与他人之间的空间关系，可以选择是与他人交谈还是观赏周围的景致，如图 6-31 所示。

图 6-31　弧形座椅

（三）园桌、园凳的位置

园桌、园凳的位置多为园林中适合休息的地段，如池边、路旁、园路尽头、广场周边、丛林树下、花间、道路转折处等。园林座椅可以沿园路散点布置，也可以围绕广场周边布置，更可以居于广场中央以主角的身份出现，总之应充分利用环境特点，结合草坪、山石、树木、花坛综合布置，以取得具有园林特色的效果。

在确定园桌、园凳的位置时应考虑以下 4 个因素。

1.考虑游人体力

园桌、园凳作为休息设施,应结合游人体力,按一定行程距离或经一定高程的升高,在适当的地点设置。尤其在大型园林中,更应充分考虑按行程距离设置园桌、园凳。

2.考虑景观需求

应根据景观布局上的需要设置园桌、园凳,使其有景可赏、有景可借。结合道路流线、林间花畔、水岸池边、崖旁洞内、山腰台地、山顶等,都是园桌、园凳可选择之处。

> 🔊 **小提示**
>
> 在公共活动空间内,也可以结合各种活动的需要设置园桌、园凳,如各种活动场所周围、出入口、小广场周围等,均宜布置园桌、园凳。

3.考虑气候因素

园桌、园凳的布置要考虑地区的气候特色,既有开放又有遮蔽,以满足不同季节的需要。例如,在炎热地区,宜在阴凉通风处布置桌凳;而在多雾寒冷之地,宜将桌凳设置在阳光充沛的场地。设置桌凳时还要考虑不同季节的气候变化,一般冬季需背风向阳、接受日晒,忌设在寒风劲吹的风口处;夏季需通风阴凉,忌设在骄阳暴晒之处,以利消暑。

4.考虑游人需求

园桌、园凳布置要考虑游人的不同心理、不同年龄、性别、职业以及不同喜好。有的需要单人安静就座休息;有的需要多人聚集进行集体活动;有的希望尽量接近人群,以取热闹气氛;有的希望回避人群,需要较私密的环境。在设置园桌、园凳时,对各种游人的心理都应给予充分考虑。

(四)园桌、园凳的材料和质感

园桌、园凳的制作材料丰富,有木材、石材、混凝土、钢材等(见图6-32)。木材触感、质感好,基本不受夏季高温和冬季低温的影响,易于加工,而且色彩比较中性,容易让人产生亲切感,为了增强其耐久性,常在木材中注入防腐剂;石材质地坚硬,夏热冬凉,耐久性好,通常将座面用木质材料进行处理;不锈钢光洁度高、美观,但热传导性强,受环境温度影响大;现在,用钢筋混凝土加染料制作仿木园桌、园凳的实例也很多,效果良好。各种桌凳材料应本着美观、耐用、实用、舒适、环保的原则选择。

木凳

石凳

金属凳   水泥仿木凳

图 6-32   不同材质的园凳

5 学习单元5   园林中其他的建筑小品

知识目标

(1)了解园林中其他建筑小品的功能与类型;

(2)掌握园林中其他建筑小品的设计要点。

技能目标

(1)能够掌握园林中其他建筑小品的类型;

(2)能对园林中其他建筑小品进行设计。

基础知识

一、花池、花坛

花池、花坛是种植、盛放各种观赏植物的容器,在景观中被广泛采用。其根据不同环境气氛的要求,在设置上丰富多样。由于设置意义的差别,种植容器不论在选材上,还是在体量上,均是各异的。有的园林场所,可设一些以较永久性材料为主的种植容器;而有些场所,则可设一些可移动种植容器,以适应变换场所气氛的需要。

★ 微视频

立体花坛

🔊 小提示

在露天开放性强的环境中,种植容器应考虑以采用抗损性强的硬质材料为主。设在室内景观中的容器可取材于陶瓷制品甚至金属材料,以求与华丽舒适的环境协调,强化环境气氛。

(一)花池、花坛的类型

▮▮ 1. 按固定方式分类

花池、花坛按固定方式,分为可动式和固定式。

(1)可动式预制装配,可以搬动、堆砌、拼接,常用来弥补绿化设计的不足或做临时布景。

（2）固定式多用于花坛和种植穴，一般有方形、圆形和正多边形，地形起伏处还可以顺地势做成台阶跌落式。

2. 按组合方式分类

花池、花坛按组合方式，可分为独立式和组合式。

（1）独立式可根据空间的大小决定花坛的大小。小型花池、花坛内的植物配置较简单，而大型花池、花坛内的植物配置讲究立体搭配，异常丰富（见图6-33）。

图6-33　各式独立式花坛

（2）组合式花池、花坛的布置可以结合墙面、隔断、台阶、照明、椅凳、标志等其他建筑小品，构成立体、丰富的园林景观（见图6-34）。

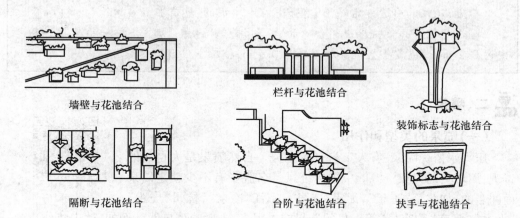

墙壁与花池结合　　栏杆与花池结合　　装饰标志与花池结合

隔断与花池结合　　台阶与花池结合　　扶手与花池结合

图6-34　各式组合式花坛

3. 按空间位置分类

花池、花坛按空间位置，可分为铺式、镶式、顶式、吊式等（见图6-35）。

chapter 01
chapter 02
chapter 03
chapter 04
chapter 05
chapter 06
chapter 07

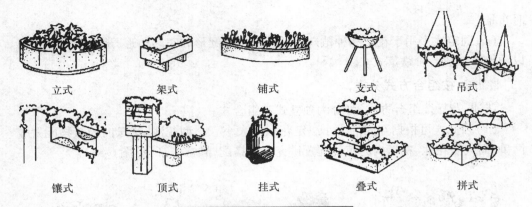

| 立式 | 架式 | 铺式 | 支式 | 吊式 |

| 镶式 | 顶式 | 挂式 | 叠式 | 拼式 |

图6-35　不同空间位置的花坛形式

（二）花池、花坛的设计要点

花池、花坛设计是环境景观设计语言的基本手段之一。花池、花坛通常被称为环境景观立体绿化的主要造型要素。花池、花坛的高度一般要高出地面0.5～1 m。花池、花坛应按环境景观地形、位置需要而"随形"变化。其基本形式有花带式、花兜式、花台式、花篮式等，既可固定，也可以不固定，还可以与座椅、栏杆、灯具等环境景观小品结合起来统一处理。

> **知识链接**
>
> 适当的花池、花坛造型设计可以对环境景观平面和立面形态加以丰富、变化，同时，也可为绿化形态处理带来更多造型变化的可能性。
>
> 花池、花坛的布置非常灵活，有布置在水中央的，也有布置在边缘的。
>
> 花池与花坛的栽植床应高于地面，以利排水。土壤厚度：栽植一年生花卉及草皮为0.2 m，栽植多年生花卉及灌木为0.4 m，植床下应有排水设施。

二、喷泉

（一）喷泉的类型和作用

压力水俗称喷泉，有人工与自然之分。自然喷泉是大自然的奇观，属珍贵的风景资源。中国传统风景名胜中有不少就是以泉而闻名的，如北京"玉泉"，无锡"二泉"，镇江"冷泉"，杭州"虎跑"

★微视频

音乐喷泉

"龙井"，济南"趵突泉"等。泉的造景样式很多，一般着重自然。例如，就山势作飞泉、岩壁泉、滴泉；于名山古刹则多作泉池、泉井，或任其自然趵突而不加裁剪；也有的在泉旁立碑题咏，点出泉景的意境。

西方早期的人工喷泉或利用自然高差形成喷泉奇观，或使流水通过人力（或畜力）驱动的水泵和专门设计的喷嘴涌射出来，并常常饰以人物、动物或者神话故事题材的雕塑，是美化城市广场、公共绿地和公园的常见造景手法（见图6-36）。随着科学技术的发展，出现了由机械控制的人工喷泉，其为园林组成大面积的水庭提供了有利的条件。喷泉的设计日益考究，在水花造型、喷发强度和综合形象等方面都有了较多的可能性。

图 6-36　典型西方早期喷泉的喷嘴形象

🔊 小提示

人工喷泉起源于西方庭园,后来随着东西方的文化交流而传入我国。中国古代最早的喷泉曾设于圆明园的"海晏堂"和"远瀛观",今天我们仍可从其遗址想见其当年宏大的规模。

喷泉兼具水、声、波、影,除了起饰景作用外,还以其立体和动态的形象在城市广场、公园、街道、高速公路、庭园等环境中起引人注目的地标和轴点作用。如日内瓦市区具有典型地标作用的喷泉(见图 6-37),它所创造的丰富语义是烘托和调节整体环境氛围的要素。此外,喷泉还有较强的增氧功能,可以促进池水水质的净化和空气的清新湿润,提高环境的生态质量。

图 6-37　日内瓦市区具有典型地标作用的喷泉

因环境性质、空间形态、地理和自然特点、使用者的行为和心理要求的不同,喷泉在造型、高度、水量和布局上都有所区别,以配合和强调空间的性格。它可以有一个独立的喷点,或以多点排成水阵或水列(见图 6-38)。这些水阵和水列依照地形、地势造就了磅礴壮观的水景空间,而各点的喷射方向与强度也可按照设计意图达到相互映衬、协同表演的目的(如跑泉)。根据喷嘴的构造、方向、水压及与水面的关系,还可得到喷雾状、扇形、菌形、钟形、柱形、弧线形、泡涌、蒲公英状等多种喷射效果(见图

chapter 01

chapter 02

chapter 03

chapter 04

chapter 05

chapter 06

chapter 07

6-39）。如果说喷泉组群表现了整体特征,那么喷泉的个体造型则从另一方面表现了水景的精致与丰富。

图6-38 多个喷点形成的水列状喷泉

图6-39 蒲公英状喷泉

(二)喷泉的设计要点

▓▏1. 喷泉对环境的要求

喷泉的设计场所与设计形式如表6-2所示。

表6-2 喷泉的设计场所与设计形式

喷泉的设计场所	喷泉的设计形式
开朗空间(如广场、车站前、公园入口、轴线交叉中心)	宜用规则式水池,水池宜大,喷水宜高,水姿应丰富,适当照明,铺装宜宽、规整,配盆花
半围合空间(如街道转角、多幢建筑物前)	多用长方形或流线型水池,喷水柱宜细,组合简洁,草坪烘托
特殊空间(如旅馆、饭店、展览会场、写字楼)	水池为圆形、长方形或流线型,水量宜大,喷水优美多彩,层次丰富,照明华丽、铺装精巧,常配雕塑
喧闹空间(如商厦、游乐中心、影剧院)	流线型水池,线型优美,喷水多姿多彩,水形丰富,音、色、姿结合,简洁明快,山石背景,雕塑衬托
幽静空间(如花园小水面、古典园林中、浪漫茶座)	自然式水池,山石点缀,铺装细巧,喷水朴素,充分利用水声强调意境
庭院空间(如建筑中、后庭)	装饰性水池,圆形、半月形、流线型,喷水自由,可与雕塑、花台结合,池内养观赏鱼,水姿简洁,山石树花相间

▓▏2. 用水的给排水方式

对于流量为 2~3 L/s 的小型喷泉,可直接由城市自来水供水,使用后直接排入城市雨水管道。为了保证喷水具有稳定的高度和射程,供水需经过特设的水泵加压。

🔒 **小技巧**

对于大型喷泉,一般应采用循环供水,可以设水泵房,也可以将潜水泵置于水池内供水。在有条件的地方,可以利用天然高位水作为水源,用完自行排除。

▓▏3. 选择喷头

喷头的作用是使具有一定压力的水流经喷头后形成设计的水花。因此,喷头的形式、结构、质量和外观等,都对整个喷泉的艺术效果产生重要的影响。喷头受高速水流的摩擦,一般需选用耐磨性好、不易锈蚀,又具有一定强度的黄铜或青铜制成。喷头出水口的内壁及其边缘的光洁度,对喷头的射程及喷水造型有很大的影响。

4. 喷泉的水力计算

根据公式及实际情况,合理计算喷泉的流量、管径和扬程。

5. 管线布置

喷泉的管线,主要由输水管、配水管、补充供水管、溢水管及泄水管等组成。由于在喷射过程中一部分水会被风吹走等,造成喷水池内水量的损失,因此需设补充供水管。溢水管直通城市雨水管,其管径大小应为喷泉进水口面积的一倍。泄水管一般采用重力泄水,大型喷泉应设泄水阀门,小型水池可只设泄水塞等简易装置。连接喷头的水管不能有急剧的变化,如有变化,必须使水管管径逐渐由大变小,并在喷头前设一段长度适当的直管,其长度不小于喷头直径的 20 ~ 50 倍,这样才能保持射流的稳定。

三、雕塑

园林雕塑有着悠久的历史。中国古代园林中很早就有雕塑装饰。在西方,早在文艺复兴时期,雕塑就成了意大利园林必不可少的组成要素。如今,雕塑更是园林景观的重要组成部分,甚至有以雕塑为核心的主题公园。

(一)雕塑的功能

雕塑作为一种艺术形式,起着装饰园林空间的重要作用,是园林空间的文化与艺术的重要载体。雕塑与周围的建筑、花草树木等构成一个整体,形成视觉场,而雕塑是视觉焦点,是空间的标志。恰当的雕塑不仅能提升景观的观赏价值,更能够提升环境的文化内涵。

(二)雕塑的分类

雕塑的形式多种多样,从表现形式上可分为具象雕塑和抽象雕塑,动态雕塑和静态雕塑等;按雕塑占有的空间形式可分为圆雕、浮雕、透雕;按使用功能则可分为纪念性雕塑、主题性雕塑、功能性雕塑与装饰性雕塑等。

1. 按雕塑的表现形式分类

(1)具象雕塑(见图6-40):一种以写实和再现客观对象为主的雕塑。它是一种容易被人们接受和理解的艺术形式,在园林雕塑中应用较为广泛。

图6-40 具象雕塑

chapter 01
chapter 02
chapter 03
chapter 04
chapter 05
chapter 06
chapter 07

（2）抽象雕塑（见图6-41）：抽象的手法之一是对客观形体加以主观概括、简化或强化；另一种抽象手法是几何形的抽象，运用点、线、面、体块等抽象符号加以组合。抽象雕塑比具象雕塑更含蓄、更概括，它具有强烈的视觉冲击力和现代感。

图6-41　抽象雕塑

课堂案例

　　意大利佛罗伦萨名人广场前的雕塑，采用一块完整的花岗石雕琢出方与圆的对比、粗糙与光滑的对比、稳重与空灵的对比、抽象与具象的对比、现代与传统的对比，更使人联想到米开朗琪罗的时代与现代的时空差距。如图6-42所示就是现代典型的具象与抽象结合的雕塑。

图6-42　具象与抽象结合的雕塑

2. 按雕塑的使用功能分类

　　雕塑根据其在环境中所起的作用不同，可分为纪念性雕塑、主题性雕塑、装饰性雕塑和功能性雕塑。

　　（1）纪念性雕塑：以雕塑的形象来纪念人物或事件，也有的采用纪念碑的形式。如图6-43所示，南京烟雨台烈士陵园内表现先烈的壁雕，造型洗练、概括，形体的起伏略为夸张，使造型更有力度感。整组壁雕采用毛面石材，在深色树丛的衬托下显得更加凝重。

图6-43 南京烟雨台烈士陵园壁雕

chapter
01

chapter
02

chapter
03

chapter
04

chapter
05

chapter
06

chapter
07

🔊 **小提示**

　　纪念性雕塑是以雕塑的形象为主体的,一般在环境景观中处于中心或主导的地位,起到控制和统领全部环境的作用,因此所有的环境要素和平面布局都必须服从于雕塑的总立意。

　　(2)主题性雕塑:用于揭示建筑或环境的主题。这类雕塑与建筑或环境结合,既充分发挥了雕塑的作用,又弥补了环境的不足,将环境无法表达出的思想性以雕塑的形式表达出来,使环境的主题更为鲜明突出。如图6-44所示为南京情侣园的奶牛组雕,配上风车,散发出浓郁的田园气息。

图6-44 南京情侣园的奶牛组雕

🔊 **小提示**

　　主题性雕塑与环境有机结合,能弥补环境缺乏表意功能的缺陷,达到表达鲜明的环境特征和主题的目的。

　　(3)装饰性雕塑:主要是在环境空间中起装饰、美化作用。装饰性雕塑不仅要求有鲜明的主题思想,而且强调环境中的视觉美感,要求给人以美的享受和情操的陶冶,并要求符合环境自身的特点,成为环境中的一个有机组成部分。如图6-45所示,瑞士日内瓦用鲜花组成的"钟"的造型,会随着季节的不同呈现出不同的风采,已成为日内瓦的标志性雕塑。

图6-45　瑞士日内瓦用鲜花组成的"钟"的造型

（4）功能性雕塑：在具有装饰性美感的同时，又有一定的实用功能。如园林中的座椅、果皮箱、儿童玩具等，都是以雕塑的表现手段，塑造出具有一定形式美感的园林小品。上海世纪广场前的"钟"雕塑，其热弯玻璃具有良好的透光效果，与周围通透的建筑风格相互协调，玻璃上镶嵌的巨钟既具有标志性又具有使用价值。

（三）雕塑的设计要点

1. 考虑环境要素

雕塑的取材应与园林环境相协调，互相衬托，相辅相成。绝不能只孤立地研究雕塑本身，而应从园林环境的平面位置、体量大小、色彩、质感各方面进行全面的考虑，要有统一的构思，使雕塑成为园林环境中一个有机的组成部分。此外，雕塑题材的选择要善于利用地方的民间传说和历史遗迹。

2. 合理的视线距离

人们观察一座雕塑，大致有以下过程：首先观察其大体轮廓，欣赏雕塑的总体形象及环境效果；其次观赏雕塑的个体形象，欣赏其造型、气势、神态、色彩等；最后观察其细部、质地、纹理等。因此，在整个观察、欣赏的过程中，应有远、中、近三种不同的距离，才能保证良好的欣赏效果。此外，由于雕塑的三维空间特点，还要考虑多方向观察的最佳方位和合理距离。

3. 适宜的空间尺度

雕塑的大小与所处的空间应有良好的比例关系，空间过于拥挤，则难以全面欣赏雕塑；空间过于空旷，则失去了雕塑应有的表现力。

 小技巧

　　要处理好雕塑与人的尺度关系，使其具有宜人的空间效果。由于视线的影响，还要考虑观赏折减和透视消逝的关系，对形象的上下、前后应做一定的修正和调整。

4. 基座的处理

基座的处理应根据雕塑的题材和它们所存在的环境综合考虑，在造型上烘托主体并渲染气氛，加强雕塑整体的表现力，切不可喧宾夺主。

5. 色彩

适宜的色彩将使雕塑形象更为鲜明、突出。雕塑的色彩不但应与主题形象有关，还应与环境及背景的色彩密切相关。如白色的雕塑与浓绿的植物形成鲜明的对比,而古铜色的雕塑与蓝天、碧水互成衬托。

◀)) 小提示

现代雕塑的色彩、材料均比以往大为丰富,而园林环境亦绝非仅有植物,故应认真考虑,使其形成色彩上互相衬托的关系。

四、果皮箱

(一)果皮箱的类型

果皮箱的类型多样,从开口形式上分,有开敞式和封闭式;从分类形式上分,有混合式和分类式。在现代人对环境的要求日益提高的情况下,分类式果皮箱越来越受到欢迎。果皮箱从功能形式上分又有单一式和组合式。有些果皮箱组合了灯具、坐凳等,形成了组合式果皮箱。各式果皮箱如图6-46所示。

图6-46 各式果皮箱

(二)果皮箱的位置选择

果皮箱的位置选择很重要,既要不过分显眼,又要便于人群使用,所以通常放置在道路拐角、建筑入口边缘或人群集中地段的周边。

(三)果皮箱的功能性

果皮箱设计首先考虑的就是功能性,其外观设计也是为功能服务的。功能性包括最大限度地为投放者和清扫者提供方便。

chapter 01
chapter 02
chapter 03
chapter 04
chapter 05
chapter 06
chapter 07

1. 材料的选择

(1)便于清洁,抗酸碱腐蚀。可以采用内外套筒设计,这样既可保证外观能采用多种材料,又便于更换和清理。果皮箱不宜直接置于裸露土地或草坪上,最好是周边有光滑硬质铺装,以便于清扫。其底座位置要比周边高,以不积存污水。

(2)结实、耐用、防盗。因为公共场所范围大、人流量大,果皮箱的使用频率高,因此公共场所的果皮箱较难管理和维护,被破坏的可能性也最大。对于置于露天公共场所的果皮箱,防盗功能尤为重要。因为经常有人将果皮箱的部件拆下来当废品卖,所以为了避免损失,一般尽量选择不能被收购的材料制作果皮箱,如工程塑料、冷轧钢板等。

(3)和环境相协调。设计随环境而变,是目前果皮箱设计的发展趋势。果皮箱在任何环境里都单独存在,但必须和周围环境相统一。在现实中经常可以看到果皮箱由于造型、色彩与环境出入较大而对环境造成破坏。

2. 尺寸的选择

果皮箱高度在 80～110 cm 较为适宜,也符合人体工学的要求。在这个高度范围内的果皮箱,人使用起来感觉最舒适。太高了,抬手费力;太低了,弯腰费劲。

果皮箱的容量没有具体规定,一般根据实际安装的位置确定。太大了,不美观,而且单个果皮箱垃圾太多,不利于环卫工人清理;太小了,很快会被装满,起不到收集垃圾的作用。

果皮箱开口的尺寸与形式要便于投放和清洁。一般在上方和侧面开口,开口尺寸不小于 20 cm×20 cm。开口处应设计活动盖子或遮挡物,以避免露天环境下雨雪进入及风吹刮垃圾,同时还能避免垃圾的气味四处散发,将垃圾限定在固定空间里。

📖 五、电话亭

作为现代通信的基本设施,电话亭在公园、广场、风景游览区等公共环境中是必不可少的,它越来越广泛地渗透到了现代生活之中。同时,公用电话亭作为环境景观的重要组成部分,其多变的造型也丰富了园林空间环境,成了园林景观小品的一个组成部分。

公用电话亭按其外形可分为封闭式、遮体式等。封闭式电话亭一般高 2～2.4 m,长×宽为 0.8 m×0.8 m～1.4 m×1.4 m,材料采用铝、钢框架嵌钢化玻璃、有机玻璃等透明材料。遮体式电话亭外形小巧、使用便捷,但遮蔽顶棚小、隔声防护效果较差,用材一般为钢、金属板及有机玻璃,高 2 m 左右,深 0.5～0.9 m。电话亭的设计,首先要在造型上使听筒的高度及话机的位置符合人体尺度；其次，要有一定的隔声效果，以保证通话的私密性和免受外界噪声干扰，并要求对风雨有防护能力（见图6-47至图6-50）。

图6-47 遮体式电话亭（一）

图6-48 遮体式电话亭（二）

图6-49 连排的遮体式电话亭

图6-50 封闭式电话亭

chapter 01
chapter 02
chapter 03
chapter 04
chapter 05
chapter 06
chapter 07

📖 知识链接

　　在园林环境中，电话亭并无组织景点的作用，因此作为景观的从属物，电话亭在造型和配置方面要与环境特点协调，既易于被使用者发现，又不过分夸张夺目。其造型一般应简洁大方、通透明了。另外，不宜把电话亭放在道路交叉口或紧靠建筑、园门入口等主要地段，否则易造成交通拥挤、混乱甚至阻塞。

✑ 学习案例

设计任务：

结合已完成大门设计的广场进行园林小品设计。

💡 想一想

分析园林建筑小品的设计内容及图纸要求和时间安排。

⧗ 案例分析

1. 设计内容

为已完成大门设计的广场配置休息凳、垃圾桶、指示牌、电话亭等建筑小品。在以上建筑小品中任选两种进行设计,建筑小品的个数和位置自定。设计应符合大门设计的整体风格,并具有一定的创新性和实用性。

2. 图纸要求

在总平面图上标出配置的建筑小品的位置、个数和名称。

画出两种建筑小品的平、立、剖面图,比例自定。

画出两种建筑小品的彩色透视图。

图纸规格:A2 图幅。

3. 时间安排

一周。

知识拓展

关于门和牌坊的知识

1. 关于门的知识

★微视频

漳州明清牌坊

建筑界有学者认为中国建筑文化是一种"门"制文化,是门的艺术。中国的大门从古代的阙、乌头门、牌楼、城门发展到今天,仍是中国建筑文化中一种十分活跃的因素。除了明显的实用意义外,门的文化是丰富而深邃的。中国传统建筑一直没有放弃对门的考究,甚至将它提升为单独的建筑类型,这也说明了门自身以及它在人们心中的价值和意义。

国外建筑的门也同样包含了丰富的文化内涵。古埃及的"阙"式门,极力烘托和渲染宗教的仪式性;古希腊的山门作为神庙建筑的入口,说明了门在仪式过程中的序幕作用,最著名的山门为雅典卫城的入口;古罗马的凯旋门,成为炫耀军事胜利和体现国力的窗口。中世纪以后,人们对神庙建筑的热情转移到现实生活中。巴黎拉德芳斯大拱门作为巴黎拉德芳斯商贸中心的终端建筑,是一种新形式的凯旋门,是具有世界意义的大型建筑,被誉为"通向世界的窗口"。它以象征的手法强烈地表达了建筑、环境与人的关系。由此可见,门已融入了当代的社会生活而具有了崭新的艺术形象。从小巧别致的景园门到气势雄伟的标志性大门,形式多样的门作为一种特殊的建筑形式,成为组织空间的一个积极因素,在园林设计中成为举足轻重的构成要素。

2. 关于牌坊的知识

牌坊是封建社会为表彰功勋、科第、德政以及忠孝节义所立的建筑物。也有一些宫观寺庙以牌坊作为山门,还有的是用来标明地名的。牌坊也是祠堂的附属建筑物,用以昭示家族先人的高尚美德和丰功伟绩,兼有祭祖的功能。

牌坊是由棂星门衍变而来的,开始用于祭天、祀孔。棂星原作灵星,灵星即天田星,为祈求丰年,汉高祖规定祭天先祭灵星。宋代则用祭天的礼仪来尊重孔子,后来又改灵星为棂星。牌坊滥觞于汉阙,成熟于唐、宋,至明、清登峰造极,并从实用型建筑衍化为一种纪念碑式的建筑,被极广泛地用于旌表功德、标榜荣耀,不仅置于郊坛、孔庙,还用于宫殿、庙宇、陵墓、祠堂、衙署和园林前及主要街道的起点、交叉口,桥梁等处。其景观性也很强,可起到点题、框景、借景等效果。

情境小结

通过本情境的学习,旨在让学生对园林建筑小品有清晰的认识,了解和掌握现有园林建筑小品一般的设计原则和方法,并以此为基础,根据设计要求和环境进一步创作不同形态的景观小品。

园林建筑小品包含了众多的形式与内容,本情境所述部分并不包含所有的小品形式。同时,随着社会需求的变化,小品的样式、功能等必然还会有进一步的发展。在学习过程中,一方面要掌握小品设计的基本原理,另一方面要关注小品设计的变化趋势。在未来的园林设计中,生态化、可持续发展化、高技术化是小品设计的必然趋势。从人性化、社会化的角度设计,完成符合社会需求的园林建筑小品设计,提供一个高品质的、充满艺术气息的环境,是创作的根本目的。

学习检测

填空题

1. 园林中供_____、_____、_____、_____和为园林管理及方便游人使用的小型建筑设施,称为园林建筑小品。

2. 在园林环境中,园林景墙主要用于_____,_____,丰富景致层次及_____、_____等。

3. 园桥的选址需要从_____、_____和_____等方面综合考虑。

4. 园桌、园凳的位置多为园林中适合休息的地段,如_____、_____、_____、_____、_____、_____、_____等。

5. 按雕塑占有的空间形式,可分为_____、_____、_____;按使用功能则可分为_____、_____、_____与_____等。

选择题

1. 中国园林质监站年总受监项目 1 100 多个,其中含园林小品项目( )个。
   A. 110　　　　　　B. 220　　　　　　C. 330　　　　　　D. 440

2. 在现代风景园林建筑中,景墙的主要作用是( )。
   A. 造景　　　　　　B. 组景　　　　　　C. 称景　　　　　　D. 主景

3. 传统式庭园中,一般门洞内壁为满磨青砖,边缘只留厚度为( )的条边,做工精细,线条流畅,格调优美秀雅。
   A. 1～2 cm　　　　B. 2～3 cm　　　　C. 3～4 cm　　　　D. 4～5 cm

4. 具有强烈的视觉冲击力和现代感的雕塑是( )。
   A. 具象雕塑　　　　B. 抽象雕塑　　　　C. 人物雕塑　　　　D. 动物雕塑

5. 果皮箱高度在( )较为适宜,也符合人体工学的要求。
   A. 50～80 cm　　　B. 60～90 cm　　　C. 70～100 cm　　　D. 80～110 cm

简答题

1. 园林建筑小品的设计要点有哪些?

chapter 01

chapter 02

chapter 03

chapter 04

chapter 05

chapter 06

chapter 07

2. 景墙的设计要点有哪些？

3. 花池与花坛的类型有哪些？

4. 雕塑的设计要点有哪些？

学习情境七

园林建筑快速设计

情境引入

公园茶室建筑快速设计任务书如下。

某北方城市公园内拟建一座小型茶室,供游人休憩、观景。总建筑面积为 200 m²（可上下浮动 5%）,基地现状及场地条件详见公园局部平面图(见图 7-1)。

图 7-1　公园局部平面图(单位:mm)

1. 设计内容

(1)茶室 100 m²,茶水制作间(包括仓储)30 m²。

(2)办公、服务及值班室共 15 m²。

(3)男女卫生间共 15 m²。

(4)门(过)厅、走廊、楼梯间或坡道等自定。

(5)其他园林建筑小品不计入建筑面积。

2.设计要求

(1)层数要求:建筑以一层为主,局部可二层。

(2)提供必要的室外休闲、餐饮空间,满足旅游旺季需求。

(3)充分考虑建筑与环境相互的关系,考虑场地中的保留树、日照、风向等,使游客在饮茶、休息时能充分观赏周围的景致。

(4)建筑体量适宜、造型新颖,符合餐饮建筑和风景园林建筑特征,可集中或分散设置,创造丰富、灵活的建筑空间。

(5)版面设计合理。

(6)时间:4 小时。

3.图纸要求

(1)总平面图,1:300/1:200。

(2)平面图(含家具布置、尺寸线、一层平面带室外环境布置),1:100/1:150。

(3)立面图(1~2 个),1:100/1:150。

(4)剖面图(1 个,有楼梯的要剖到楼梯),1:100/1:150。

(5)设计说明(含立意、构思及经济技术指标),不超过 100 字。

(6)透视图(表现方式不限)。

(7)700 mm×500 mm(绘图纸或水彩纸,工具或徒手表现均可)。

(8)图签绘制在图纸背面左下角。

案例导航

通过本案例,使学生了解园林建筑快速设计的基本内容及设计方法,掌握园林建筑快速设计的步骤,培养学生快速设计的能力。

要了解园林建筑快速设计的内容,需要掌握的相关知识有:

(1)园林建筑快速设计概述;

(2)园林建筑快速设计的过程。

1 学习单元1 园林建筑快速设计概述

知识目标

(1)了解园林建筑快速设计的定义;

(2)掌握园林建筑快速设计的意义;

(3)了解园林建筑快速设计的适用范围。

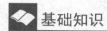
技能目标

（1）通过本单元的学习，能够掌握园林建筑快速设计的基本内容；

（2）掌握园林建筑快速设计的特点。

基础知识

一、园林建筑快速设计的定义

园林建筑快速设计是指在较短时间内完成融合于风景环境中的建筑设计方案设计，并运用一定手法进行表现。时间的长短根据需求及设计者而有所不同，有 2 小时、3 小时、5 小时、8 小时，也有一两天或者一个星期的。但无论如何，相对于一般设计的长期反复地推敲、修改、完善的过程而言，快速设计突出的是"快"的特点。

二、园林建筑快速设计的意义

园林建筑快速设计不仅可以培养设计者的设计思维和创作构想，而且也可反映出设计者的计划性和应变能力，是检验建筑设计方案构思与成果表达水平的重要手段，是建筑设计的特殊工作方式，同时也是实际工作中应急的需要。例如，莫斯科红场的列宁墓，一夜时间快速设计、快速施工，其设计思想性、艺术性、实用性成为最终设计的蓝本。针对特定的学科专业以及相应功能的风景建筑工程实践，园林建筑快速设计的意义主要从以下三个方面体现出来。

1. 它是设计教学的重要环节

园林建筑快速设计是风景园林及相关专业进行建筑设计教学的重要内容，用以考核学生或考生对于建筑设计的综合掌握和快速表达能力，同时也是完善课程体系和专业教学结构系统化的需要。一般园林建筑快速设计的教学过程遵循循序渐进的客观规律，在前期，每一课题设计需几周完成全过程的完整训练，通过训练可奠定学生建筑设计的基础，激发学生的创造性思维；在后期，往往通过 3 ~ 4 小时的快题练习来完善和提高学生快速设计的能力，这是提高学生综合设计能力的必由之路。

🔒 小技巧

我们往往可以从学生的快速设计草图和快速设计效果表达中，看出每一位同学设计综合能力的高低。

2. 它是应试考核的必要手段

园林建筑快速设计是检测相关专业学生或从业人员设计能力与素质的有效手段，是训练风景园林设计师思维能力和创作能力的重要环节。由于园林建筑快速设计往往能够体现快速研究、推敲设计方案和表达设计构思的重要过程，具备快速性、直观性、全面性、图解性、启迪性、多样性和大众性，因此为风景园林等相关专业提供了研究生入学考试的必要检测形式。这种形式同样也被设计单位招聘考试以及职业资格注册等考试广泛采用。

chapter 01

chapter 02

chapter 03

chapter 04

chapter 05

chapter 06

chapter 07

3. 它是工程实践的客观需求

在工程项目实践中,可以通过快速设计方案草图在几分钟内为业主或第三方提供现场草图,使得交流和沟通更充分;也可以通过短时、快速的效果表现及时检验方案的合理性,做出更优的选择。设计者为甲方提供的现场草图如图7-2所示。

图 7-2　设计者为甲方提供的现场草图

知识链接

　　园林建筑快速设计与景观环境的联系更为密切,因此,其对于风景园林规划设计、园林设计等部门的重要性不言而喻。通过风景园林建筑的快速表达,可使设计程序简化而具备高效性。其是被设计市场所大力提倡的,是值得广大设计者重视的。

　　快速设计与快速表现效果对设计方案本身以及设计者综合能力的提高都具有积极的意义,无论对于工程本身还是教学培养的需求而言,都是不容忽视的。

小提示

　　园林建筑快速设计需要参加者具有多种综合能力和敏捷的思维,可以承受高强度的设计劳动,将注意力高度集中起来,并投入到高速度的设计过程中,在较短的时间内完成任务。

三、园林建筑快速设计的适用范围

一般情况下,除了各种形式的考试采用快速设计的方式外,为了完成某些时限很短的实际设计任务或提供一些方案设想做参考,园林建筑设计师在没有充足的时间或者没有必要按部就班地进行深入完整方案的探讨的情况下,往往采取非常规的设计手段,拿出具有相当水准的设计来,此时采用的就是快速设计的方式。可以说,快速设计不仅是一种艺术创作形式,也是在有限时间内展现多种设计方案的简便方法。

四、园林建筑快速设计的特点

1. 设计过程快速

同任何快速设计的特点类似,园林建筑快速设计也是为了获得较为理想的方案而以最快的速度进行的探索性方案设计。其"快"主要体现在整个方案设计过程中,设计师往往需要在较短的时间里突破常规的设计程序,高效地拿出优秀的设计方案。它高度概括,不求面面俱到,但求解决主要矛盾;不求深入细致,但求快速成型。在风景园林建筑工程实践和建筑系统教学结构中,快速设计的作用举足轻重。

> **知识链接**
>
> "快"要求合理分配时间,思维敏捷。审题要快,手上动作要快,要迅速地将平日积累的设计经验和表现经验反映到图纸上。如果不快,则方案再好,在规定时间内完不成,也是不完整的,也就称不上"好"方案了。其过程快速的特点和设计表达形式,具有在短时间内表现设计者综合能力的特性,因而它还是建筑设计研究院等相关设计单位招聘考试、某些专业研究生升学考试以及建筑设计竞赛等常用的方式。更重要的是,它已成为高等院校设计类专业用于检测学生设计能力的一种手段,也成为提升学生综合设计能力的重要方法,是课程设计的深入、提高和升华。

2. 设计内容全面

园林建筑快速设计的内容主要包括总平面环境配置、平立剖面设计、透视图以及各种分析图、设计说明、经济技术指标、版面设计等。这里的设计内容全面指的是对以上内容在规定的较短时间内完成,不漏缺,将题目或任务要求的图名、适当的文字表述等表达清楚和完整。园林建筑快速设计的特殊性是对景观设计师的设计能力的考验。在短短的几天时间甚至几小时内要完成一个设计方案,有时甚至要完成一个较为复杂的设计方案,要是没有对风景园林建筑功能等的深刻理解,没有熟练的方案设计与表达方法,没有一定量的风景园林建筑语汇的积累,没有善于抓住主要矛盾的能力,必然不能适应这种快速设计的特殊要求。

当然,设计内容的全面也直接要求设计者具有综合快速能力,这主要体现为快速的方案构思能力、快速分析和解决问题的能力、综合运用建筑设计理论与方法的能力以及设计创新、快速表现的能力等。同时,也因为快速设计具有对设计者能力进行检查的性质,正好符合建筑教育过程对学生设计能力进行考核的要求,因而,快速设计也被用作建筑设计课程考试的方式,同时也成为一种课程训练的方式。许多建筑学院、园林学院的课程中均设有快速设计课程,只不过设计内容的侧重点有所不同。建筑教育教学过程中的快速设计,往往对实际工程中的快速设计方法进行了提取、抽象、概括。

3. 设计成果精练

快速设计的成果只要求抓住设计方案中全局性的问题,如环境布局、功能分区、交

chapter 01

chapter 02

chapter 03

chapter 04

chapter 05

chapter 06

chapter 07

通组织及造型特色等。我们在设计过程中应抓住 1~2 个重点,进行深入设计和细部表达。因为时间有限,可以把构思中新颖、独特的一面用"点睛"的方式表达出来。作为园林建筑快速设计,应抓住主要的景观特征等,再做其他探讨。当然,在精练的前提下,应保证设计的精准性和表达的完整性,即风景园林建筑总平面布置完善——指北针交代清楚、屋顶平面准确合理等;平面功能组织合理——流线清晰、空间形态完整合理,建筑与环境的关系处理得当,内外空间实现良好的衔接过渡等;立面风格特征明确——开窗合理、材质选用合理等;剖面技术设计合理——结构选型准确、标高标识准确等;透视图表现丰富、生动、准确——透视角度选择合理、透视关系准确,用色合理等。总体来讲,还要保证构图的完整、统一、均衡与饱满等。

由此可以看出,园林建筑快速设计并不是一般建筑方案设计过程的简单化或片面化,恰恰相反,它是一般方案过程的高度概括和精练,同时又能体现出独特的风景园林建筑的特征。要在快速设计时间内综合解决立意、功能、形式、空间、环境、材料、光线等方面的问题,要求在复杂的影响因素和限定条件里分析出最基本的、带有决定意义的因素,并提供解决问题的路径和方法。只抓全局并不意味着可以忽略某些方面的问题,或者草率解决某些问题。而是在有限的时间内,要求景观设计师更准确和果断地抓住各方面最关键的问题,忽略次要的问题,针对有重要影响的因素,提供一个高度概括的、能满足主要设计要求的方案。在这种情况下,允许快速设计方案存在一些尚未充分解决的问题。

4. 设计思维敏捷

设计思维敏捷指思维活动的速度快、效率高,不仅有敏锐的洞察力,还能及时发现主要矛盾,捕捉灵感。这一点在建筑设计活动中,尤其在快速设计中尤为重要。发散性思维能迅速地对各种条件和可能性进行较快的筛选,并做出决断,推动设计方案快速成熟和完善。那么,思维的敏捷性是天生的吗?思维的敏捷性一方面有天资的影响,但更重要的是后天的开发与发挥。经过训练及培养,思维的敏捷程度可以不断提高。建筑设计思维是一种专业性特殊思维能力,但它完全符合人脑思维的一般规律,因而设计思维的敏捷性同样可以通过专门的训练而提高。

首先,"有意识"是提高敏捷性的基本要求。园林建筑设计的过程中不能钻牛角尖,不然会浪费宝贵的时间。如果有意识地提醒自己,敏捷地放弃次要的问题,快速地做出决定,便能提高效率,事半功倍。其次,通过平时的速写训练和快速设计习题的练习,熟悉设计步骤,形成适合自己的设计方法,就可以在快速设计的过程中环环相扣,迅速完成设计任务。当然,最重要的还在于具有丰富的建筑语汇、熟练的建筑表现技巧、巧妙的建筑处理手法、新颖的设计构思立意等多方面综合性的知识。

5. 设计表达奔放

无论使用的工具是钢笔、彩铅、水彩、水粉或是马克笔,也无论是徒手还是尺规作图,园林建筑快速设计的表达手法都应是快速、奔放、流畅,一气呵成的。表达奔放首先基于时间的因素,同时也是设计作品的艺术需要。由于快速设计的表达重点不在面面俱到、精描细化,而在于大致的空间划分和环境配置合理,因此鼓励运用较为自由、流畅的线条,简洁、独特的造型,甚至强烈的明暗变化、黑白灰关系以及不失协调的色彩语言。正如书法一样,奔放的设计快题本身就应是一幅优秀的艺术作品,而建筑设计本身也是技术与艺术、理性与感性的矛盾综合体。奔放的表达手法如图7-3所示。

★ 微视频

植物的快速画法

★ 微视频

亭子马克笔上色

图7-3　奔放的表达手法

 chapter 01

 chapter 02

 chapter 03

 chapter 04

 chapter 05

 chapter 06

chapter 07

当然,奔放的设计表达不是一蹴而就的,需要在设计学习的过程中不断地积累和练习。"删繁就简三秋树"也适用于园林建筑快速设计的学习过程,适用于快速设计的表达。

🔒 **小技巧**

尽管设计与绘画同样需要悟性和天赋,但即使再有天赋,如果成长过程中少了勤奋,则是注定与成功无缘的。天才是"百分之一的天分加百分之九十九的努力",我们每一个设计者都应该铭记在心。

总之,我们应该认识到,园林建筑快速设计作为建筑快速设计的一种特殊类型,具有类型独特性,设计、表达独特性,同时又具有快速设计所具有的共性特征。对本单元内容的掌握,有助于对风景园林建筑课程的学习掌握,有利于快速设计与表达能力的培养,有利于设计者形成良好的思维习惯和设计习惯。

📝 **课堂案例**

某艺术家拟于黑龙江省哈尔滨市果戈里大街一侧空地修建一个集创作、展览和销售于一体的小型画廊,建筑面积450～500 m²(地形图如图7-4所示)。基地两侧为五层砖混结构商住楼的无窗山墙。果戈里大街始建于1901年,以19世纪批判现实主义文学奠基人果戈里命名。大街两侧建筑呈现出整体折中主义的风貌。

1. 基本要求

(1)场地环境设计应合理,要满足简单停车和交通流线的要求。基地内一棵古榆树应保留,并至少留出院内消防车通道(4 m宽×4 m高净空)。

(2)建筑设计要满足创作、展览和销售空间面积不小于350 m²的要求,其他附属用房(如接待、收银、休息、办公、管理、制作、储藏、卫生间等)空间、面积由设计者自行确定,但总建筑面积不超过450～500 m²,层数不超过3层(可设地下室)。

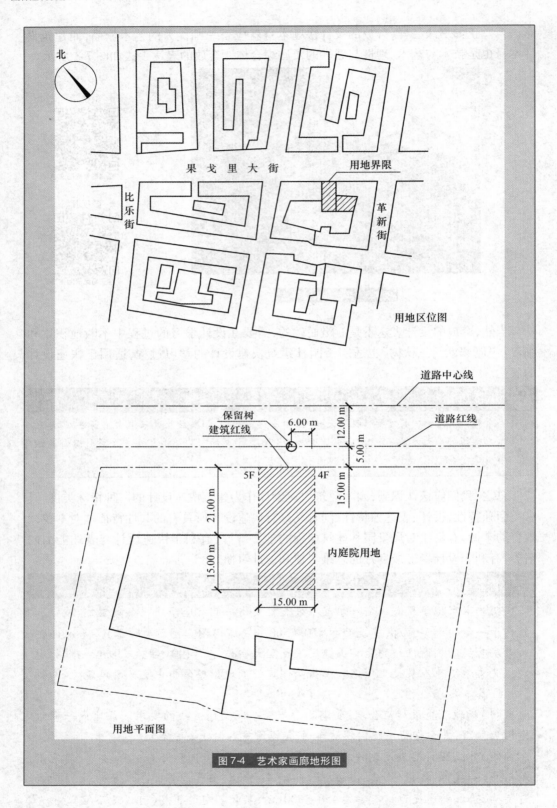

北

果 戈 里 大 街

比乐街

用地界限

革新街

用地区位图

道路中心线

保留树

建筑红线

6.00 m

12.00 m

道路红线

5.00 m

5F

4F

15.00 m

21.00 m

内庭院用地

15.00 m

15.00 m

用地平面图

图 7-4　艺术家画廊地形图

（3）建筑构思应反映该地区特有的文化内涵,在不突破建筑红线的基础上自由创造。

（4）建筑造型应体现其建筑特性和时代感。

（5）结构形式可以考虑混合结构、框架结构、钢结构等。

（6）依据上述要求进行总体环境设计和建筑单体设计。

2.成果内容

（1）各平面图(包括外环境设计),1∶300/1∶500。

（2）各层平面图,1∶100/1∶200。

（3）沿街立面图,1∶100/1∶200。

（4）剖面图(能够体现空间特点),1∶100/1∶200。

（5）透视图(表现方式不限),图幅尺寸不小于1/4图面。

（6）设计说明(含主要面积指标),不少于100字。

（7）图纸尺寸:841 mm×594 mm,使用不透明绘图纸,图纸张数自定。

（8）制图方式:徒手或工具制图,自定。

2 学习单元2 园林建筑快速设计的过程

知识目标

（1）了解园林建筑快速设计的准备工作;

（2）掌握园林建筑快速设计的正稿绘制工作;

（3）了解园林建筑快速设计的结尾收拾工作。

技能目标

（1）通过本单元的学习,能够掌握园林建筑快速设计的基本内容;

（2）通过学习园林建筑快速设计的过程,能够进行园林建筑快速设计。

基础知识

园林建筑快速设计的过程和方法与一般方案设计的过程和规律有共性,同样要经历几个主要设计阶段,但其在各阶段所需的时间及思维方式、设计方法等又有很大的不同,本单元将逐一展开介绍。

一、准备工作

"工欲善其事,必先利其器",参加园林建筑快速设计考试时,"器"指的就是基本功和工具,以及运用这些技能和工具的心态。

1.基本功

基本功包括建筑和园林环境的设计方案表达的基本功及设计的基本功。表达的基本功具体体现在平立剖面制图、透视画法、文字表述上;设计的基本功具体体现在设计方案的基本功能完备、空间合理、尺度恰当,建筑造型富有观赏性,并且与环境协调等方面。

2. 工具

快速设计既可以采用尺规工具,也可以采用徒手绘制进行制图,但都要符合尺度和比例。因此,应试者除了要准备常用的丁字尺、三角板、比例尺、圆规、模板外,还要选择一种或几种自己擅长的表现方式和笔具。表现方式有铅笔(黑白和彩色)表现、炭笔(炭条和粉笔)表现、墨线笔(钢笔/针管笔/绘图笔)表现、淡彩(水彩 + 钢笔/铅笔/炭笔)、渲染(水彩/水粉)、马克笔等。大家常用的是铅笔、墨线笔、淡彩和马克笔。无论选用哪种方式和工具,最终的目的都是要快速地将图纸绘出,平时多练习和在考场上熟练使用是关键。

二、题意理解

任何设计工作都应具有设计任务书。不论是快速设计考试、课程设计,还是具体的工程项目,设计任务书都是设计过程中必不可少的。在拿到快速设计任务书时,首先要认真细致地通读设计任务书的题旨、题义,获取任务书所提供的信息,抓住关键词,迅速分析设计要求,准确理解设计要求,领会设计的一般要求和特殊建议,并整理出主次关系,以便在设计过程中体现这些要求和建议,并对给定的地形图进行深入分析,发掘其中的有效信息,在短时间内高效地完成对题目的消化、理解,不漏看、不跑题,这样才能有的放矢,达到设计目标。

> **◁)) 小提示**
>
> 要清楚设计任务书中的哪些内容是可以一眼带过的,是没有歧义的。只有真正确定了题目的总体方向,才能进行进一步的分析。

三、构思立意

确定任务书的要求后,设计者根据要求制订出合适的构思意向方案。构思中要切记:立意符合主题,方案中要解决的是设计要求的核心问题,离题、跑题、有偏差都不妥;形式和内容与环境协调;建筑风格突出特色;易于短时间进行表达。此段时间控制在 15 ~ 20 分钟为宜。

立意是建筑设计的灵魂,一般表现为设计的感性思维。在园林建筑快速设计中,应快速分析特定的环境脉络,考虑人的行为和心理特征。因为快速设计有时间的限制,不可能一次次地反复推敲和改进,因而,设计者要抓住快速设计任务书的关键,进行快速立意,选择最能代表该类型建筑特征的立意、与地形结合最为有机的立意进行深入设计。也就是说,在具体立意过程中,要分析设计对象的特性,根据不同类型的建筑,找出建筑物最主要的特点及性格特征,这样才能抓住设计的核心和关键。

chapter
01

chapter
02

chapter
03

chapter
04

chapter
05

chapter
06

chapter
07

知识链接

　　建筑是处于自然风景区还是城市公园,是社区环境还是其他工业环境;建筑形象应该是庄严宏伟还是轻松活泼……了解这些是为了在形态的创造上体现这种特性,同时也是为了在特定的地段环境中创造出最为适宜的风景园林建筑,使其成为"生长"于此地的建筑,而非"放之四海而皆准"的程式化建筑。

　　根据立意绘制意向草图的过程是把理性思维与感性思维结合的过程,也是把建筑的功能关系与限制条件放入粗线条的形象框架的过程。意向草图使形象有了功能内容的支撑,使形式向着符合功能要求的方向发展,使立意及设计思想成为造型的内涵。在这一过程中,思路也逐步清晰。思维与立意如图7-5所示。

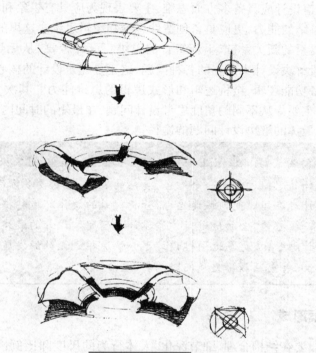

图7-5　思维与立意

　　设计的表达是对多问题分析从模糊的不确定到持久性的求解的过程。适应这种表达的思维方式也是从模糊到不断完善的过程,这一过程使设计者的思维能力得到了充分训练。快速设计多向思维的调动如图7-6所示。园林建筑设计者需要具备较强的逻辑思维、形象思维和创造性思维。这种思维能力不仅应是多方面的,还应是多方向的。而快速设计思维并不是在短短几次快速设计训练中就能形成的,它是通过长期扎实的设计工作实践积累而逐步锻炼养成的。

小提示

　　快速设计的思维独特性表现为设计者在绘图之前,已基本在头脑中形成设计意向,并具备迅速调整、统筹规划的能力。

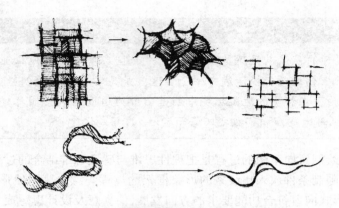

图 7-6　快速设计多向思维的调动

　　首先,快速设计应具备多方面思维,主要表现为应具有想象和联想的能力,多方案比较分析和总结的能力,更应具备创造性思维和逻辑思维。这里的创造性思维主要是指发现建筑要素的新关系、产生新组合的思维。设计者要"从无到有",以系统、科学的方法和手段解决设计中面临的各种问题,这正是建筑设计的核心所在。而逻辑思维则表现为具备功能逻辑、结构逻辑和形式逻辑的思维能力。其次,快速设计应具备多方向思维,其主要指从不同的角度思考设计问题,在最短的时间内比较、选择最优的设计方法,找到最优的解决设计问题的途径。

> **知识链接**
>
> 　　快速设计的思维过程是一个综合、复杂的过程,它需要多方面和多方向的调动。这就要求设计者在短时间内快速思考,分析建筑的总体环境特征、景观视野、主次入口、道路关系等,整体、全面地进行方案设计与研究。设计的最终完成更多地依赖于头脑中的设计思索,应更多地通过设计思索快速推进设计的发展,提高设计的速度,为综合调整、完善重点赢得更多的时间。

四、草案形成

　　这一阶段要在结构合理、细节深化、人体行为的尺度和比例恰当方面做进一步的调整,绘制效果图初稿,并初步将各种草稿按照设计意图在绘图纸上进行排版布局,留出说明文字和特色标识(如果有的话)的位置。草案阶段越深入完善越好,"不厌其细"可以使手绘的动作更加快捷。此段用时为 30 ~ 40 分钟。

　　设计思考通过图面表达,图面又反过来影响设计思路,因而在思考的同时要绘制草图。而图纸是设计师的语言,设计过程的进展与图纸紧密结合在一起。经过设计构思,设计者在头脑中所形成的基本形象和分析需要转换成图式语言,这种图式语言在设计的初期就是概念性分析草图。概念性分析草图应如实反映与立意相结合的探索过程,并且使设计意向逐步从模糊到清晰。概念性草图如图 7-7 所示。

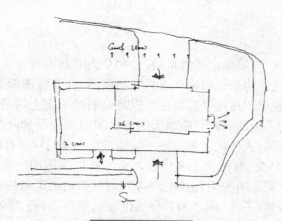

图 7-7   概念性草图

一旦有了较为清晰的设计意向，应立即着手绘制控制性设计草图。控制性草图一般只画几个重要方面，如平面、局部透视或剖面。这些草图应按比例绘制，应考虑主要房间的面积，合理的开间、进深尺寸以及与地段的结合等问题，并应画出楼梯、连接通道、门厅出入口的位置等。通过控制性草图，设计方案的功能布局、建筑造型、空间组织、环境配置等问题就得到了基本解决，形成了基本合理的设计。控制性草图如图7-8所示。正式方案草图阶段是在上一步骤的基础上，全方位、更深一步地对方案推敲、修改，并对全套方案进行集中表现的过程。其中绘制的表现性方案草图可以作为最终成图构图的基础。

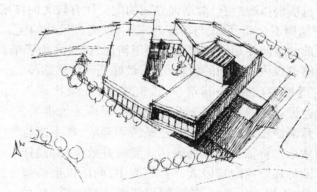

图 7-8   控制性草图

设计师从审题、构思到设计阶段，无不面临着各种错综复杂的信息的整理和分析，因此，通过各种分析确立的概念性意向分析草图，在立意、构思及反复推敲乃至最终设计方案的完成过程中起着至关重要的作用。整个设计过程都离不开对设计合理性的把握，设计的理性分析渗透于设计方案形成的全过程。

🔒 **小技巧**

无论是哪种类型的快速设计，设计人员都要经历这样一个过程：阅读任务书，理解功能关系及限制性条件，进行立意构思，绘制意向草图，按比例绘制部分控制性图纸以及正式方案表现图等。

chapter 01
chapter 02
chapter 03
chapter 04
chapter 05
chapter 06
chapter 07

五、正稿绘制

在绘制正稿之前,先要确定图纸布局(绘制草案时就要有初步的打算),用精心的构图来衬托高超的设计构思。布置立面图和剖面图时,要将图纸上下摆放,不要出现围着平面图转圈的现象。还可以直接在淡铅笔绘制的草案上用墨线或深色的铅笔线绘制正稿,可以节约一定的时间。绘制当中常出现的问题都是最基本的问题,如基本的制图规范、空间布局、人体尺度等。每一张图纸常出现的问题有以下几种。

(1)总平面图:缺失、范围太小和内容不全。总平面图的内容要包括建筑本身的屋顶俯视图和阴影(可以补充对建筑的理解),内外交通的道路位置、宽度,铺装中硬、软质材料的范围,绿地(乔木、灌木和草坪的位置)、水面、岩石、等高线及标高、特殊地形、停车场等。

(2)各层平面图:缺失、楼梯错误、功能分区混杂、空间布局不适合功能需要、缺少外部环境陪衬(尤其是出入口部位)。各层平面布局应当从环境设计和体型设计两方面入手,环境设计要考虑景观欣赏,体型设计首先要考虑形成景观。在平面图中加入家具设备布置,更能体现设计尺度的合理性。

(3)立面图:形象平淡、没有细部。立面是正确反映建筑功能特征的重要图样。对于园林建筑设计来讲,更注重立面的观赏性。整体造型在与环境相结合的基础上,更要充分地结合地形进行设计。立面的形成受到功能内容、空间组合、结构形式、细部处理、装饰构架的影响。在立面上表现出光影效果、虚实空间的对比、门和窗的特色、细部节点和墙面材质的搭配组合,对增强立面的生动性有较大的作用。

(4)剖面图:结构不合理、形式与功能要求不符、高度尺寸偏差太多。剖面图更多地反映出建筑内部的空间使用情况和地形利用情况,也极大地影响建筑外部的形象。剖切的位置要能够表现内部空间的精彩变化,最好剖到楼梯踏步。

(5)效果图:透视不准确、极其草率,没有细部,配景比例失调。园林建筑快速设计的效果图对于设计意境的表达最为重要,无论绘画的风格是清淡雅致、婉约秀丽,还是潇洒奔放,都不能忽视建筑形体的物质形态特征和环境的表达。要画好效果图,同样贵在熟能生巧。园林环境的配景以人、树、石为主,画法以简练概括、富有层次的表达为先。位置应得当,要以烘托主景为首,切忌喧宾夺主、填充画幅。

★微视频

线稿表现

绘制正稿花费的时间最长,因为在绘制正稿的过程中,还要将很多不成熟的内容进行深化,因而要花费约90分钟,其中透视效果图大约要花费30分钟。

六、说明书编制

说明书要简单明了、言简意赅,一般为200~500字。其内容是对方案设计进行概括性的描述,尤其要突出方案设计的特色。对于一些在图纸上一目了然的环节,不必再次重复,而是要将未能通过图纸表达出来的重要环节进行说明,将相关的设计指标列出,使评判者从数据方面加强理解。应用不到15分钟完成此阶段的工作,因为在之前的设计绘图过程中,已经将具体的内容在头脑中反复练习多次了。

七、结尾收拾

在测试结束前,要留出 15~20 分钟对整个方案的每个环节进行检查和校验。一旦发现严重的错误,如与主题不符、选址不在规定用地范围内、结构不成立等,要在尽可能的情况下进行修改补救。若发现一些小问题,如没有配景、忘记画剖切符号、指北针、比例、图名,没有说明书,文字、数字误写等,则还可以补充和修改,争取提交一份相对完美的答卷。

知识链接

在风景园林环境中进行建筑设计应注意以下要点。

(1)总平面环境设计中,要体现出建筑所处的优美环境,表现内容尽可能全面,山、水、树、木、园都应包括在内。

(2)建筑设计宜组合灵活,造型小巧多变,可塑造成小品的感觉,与周边环境相协调。

(3)设计时,要注意营造出整体的环境氛围,将建筑与环境都充分表达出来。

学习案例

例如,某大学研究生入学考试题目——小型社区活动服务中心。

1.设计题目

在哈尔滨某居住区开发建设中,为丰富社区居民文化娱乐活动、方便日常生活和营造街区景观,拟在一原 20 世纪 50 年代废弃街道工厂用地内,建设一栋具有餐饮(社区服务型、非营利性质)及康乐等功能的小型社区活动服务中心。建筑建成后可丰富社区景观环境、方便居民娱乐与生活。总建筑面积控制在 600 m² 以内,层数不超过 2 层。

2.基地环境现状

(1)地势平坦、交通便利,用地面积及周边环境详见建筑用地平面图(见图7-9)。

(2)用地内有一栋废弃的工业厂房,柱距 6 m,共 4 个柱网,跨度为 9 m,轴线占地面积为 216 m²(24 m×9 m)。

(3)用地内有一处自然形成的洼地水体,水体顶面坡度平缓,最深处 0.8 m。

(4)用地内有一株落叶乔木需保留。

3.基本功能组成

(1)餐饮功能(含就餐及加工区)约 150 m²,为社区餐厅(非营利型)——解决部分社区内居民日常餐饮需求的空间。

(2)康乐功能约 300 m²,为棋牌、健身、歌舞、书画等适合社区居民且反映地方特点的小型康乐活动空间。

(3)其他功能约 80 m²,为满足办公管理、门厅接待、交通及卫生间等功能的辅助空间。

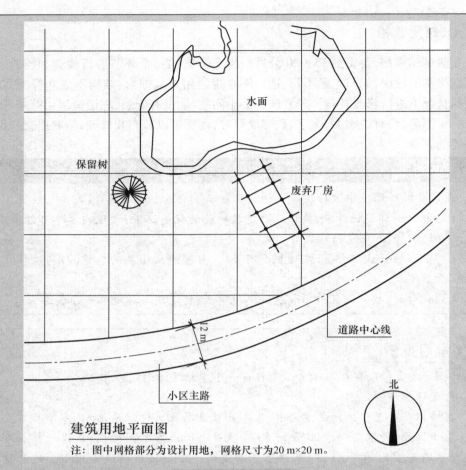

建筑用地平面图

注：图中网格部分为设计用地，网格尺寸为20 m×20 m。

图7-9　建筑用地平面图

4.基本设计要求

（1）应注意协调场地内原有条件和新建建筑之间的关系，废弃厂房的主体结构（原有柱网）应予以保留，利用方式自定。

（2）方案构思与建筑构造应符合该地区特有的文化内涵及气候条件，在用地范围内自由创造。

（3）结构形式应合理，可以考虑混合结构、框架结构、钢结构等。该建筑应达到的思想性、艺术性和技术性的统一。

（4）建筑设计应满足基本功能空间组成要求，具体空间功能及面积（以轴线计算）由设计者在规定范围内自行确定。

（5）该建筑应功能分区明确、空间组织清晰、交通流线合理。

（6）外环境设计应适当考虑设置能反映地方特点并适合社区居民使用的室外活动场地。

（7）依据上述要求进行总体环境设计和建筑单体设计。

5. 成果内容

(1)总平面图(包括外环境设计,淡彩),1:300/1:500。

(2)各层平面图,1:100/1:200。

(3)立面图(不少于两个立面),1:100/1:200。

(4)剖面图(能够体现空间特点),1:100/1:200。

(5)透视图(表现方式不限),图幅尺寸不小于1/4图面。

(6)设计说明(含主要面积指标),80~100字。

(7)图纸尺寸:841 mm×594 mm,使用不透明绘图纸,图纸张数自定。

(8)制图方式:徒手或工具制图,自定,局部淡彩。

想一想

想一想该题目的设计思路应该是怎样的。

案例分析

根据任务书的文字要求和地形图,我们判断其中的主要限制条件为废弃厂房、用地内自然形成的洼地水体和保留落叶乔木的关系,并可利用洼地处理成滨水建筑等,这些都可作为设计和表达的重点。总之,处理的原则是择其有利因素,摒弃不利因素,在可能的前提下变不利为有利,协调设计。

知识拓展

风景园林

风景园林作为一个专业或学科,18世纪以前,在欧洲被称为 Landscape Gardening(造园)。到19世纪末期,美国风景园林师之父奥姆斯特德改称为 Landscape Architecture。到20世纪60年代,在美国通常又被称为 Landscape Planning and Design,到20世纪80年代又被称为 Environmental Planning and Design。名称的改变标志着专业性质和范围的变化和拓展。风景园林专业作为人居环境科学的三大支柱之一,其地位日益重要。与此同时,风景园林建筑设计及其相关理论在风景园林学科中的地位与作用也愈发凸显。对于用 Landscape Architecture 命名的专业,目前存在多方的学术争议,我国许多院校界定为"风景园林专业";工科院校译为"景观学";香港、台湾译为"景观建筑学";日本译为"造园";韩国译为"造景科"。

《朗文当代英语词典》中对景观建筑学的定义为:对一个地区的形象进行规划的职业或艺术,包括道路、建筑物及绿化区域。如果说建筑学是用无生命的材料来进行设计的艺术和科学相融合的综合学科,风景园林学是用有生命的材料与植物群落、自然生态系统有关的材料进行设计的艺术和科学相融合的综合学科,那么风景园林建筑学就是二者的完美结合,它既强调了建筑与室内使用功能的联系,又加强了建筑与外部环境空间的联系。

国内许多专家学者也明确地提出了自己的学术观点。

俞孔坚在《还土地和景观以完整的意义:再论"景观设计学"之于"风景园林"》中

说:"必须尊重中国社会对一些关键词的约定俗成,用历史发展观认识:LA 的过去叫园林或风景园林,LA 的现在叫'景观社会学',LA 的未来是'土地设计学'。"

金柏苓在《何谓风景园林》中说:"即便就从翻译的层面来说,'风景营造学'可能更接近'LA'的原意,但在中国真正合适的名称还应该是风景园林。"

王绍增在《园林、景观与中国风景园林的未来》中说:"概括来说,风景园林是综合利用科学和艺术手段营造人类美好的室外生活境域的一个行业和一门学科。"

情境小结

通过本情境的学习,使学生了解园林建筑快速设计在园林建筑设计中的位置及应用。在绘制图纸的过程中,设计者的头脑迅速地对平时搜集的信息进行加工和发掘,从而及时地将信息转换成形象的式样,以专业的方式绘制在纸上;同时纸上出现的形象又反馈给大脑,进而刺激新的形象信息产生。正是这种循环反复的过程不断地使设计者的创作思维得到锻炼,使设计者的设计水平和设计修养获得提高。

学习检测

填空题

1.园林建筑快速设计不仅可以培养设计者的_____和_____,而且也可反映出设计者的计划性和_____,是检验建筑设计_____与_____的重要手段,是建筑设计的特殊工作方式,同时也是实际工作中应急的需要。

2.设计思维敏捷指思维活动的_____、_____,不仅有敏锐的_____,还能及时发现主要矛盾,捕捉灵感。

3.在拿到快速设计任务书时,首先要认真细致地通读设计任务书的_____、_____,获取任务书所提供的信息,抓住_____,迅速分析设计要求。

4.快速设计的思维过程是一个综合、复杂的过程,它需要多方面和多方向的调动。这就要求设计者在短时间内快速思考,分析建筑的总体_____、_____、_____、_____等,整体、全面地进行方案设计与研究。

5.总平面环境设计中,要体现出建筑所处的优美环境,表现内容尽可能全面,_____、_____、_____、_____都应包括在内。

选择题

1.园林建筑快速设计与(　　)关系更为密切。

　　A.景观环境的连续　　　　　　　　　B.景观环境的协调

　　C.景观环境的优美　　　　　　　　　D.景观环境的等级

2.我们在设计过程中应抓住(　　)个重点,进行深入设计和细部表达,因为时间有限,可以把构思中新颖、独特的一面用"点睛"的方式表达出来。

　　A.1~2　　　　　　　　　　　　　　B.2~3

　　C.3~4　　　　　　　　　　　　　　D.4~5